Découvrez l'histoire par les archives de presse

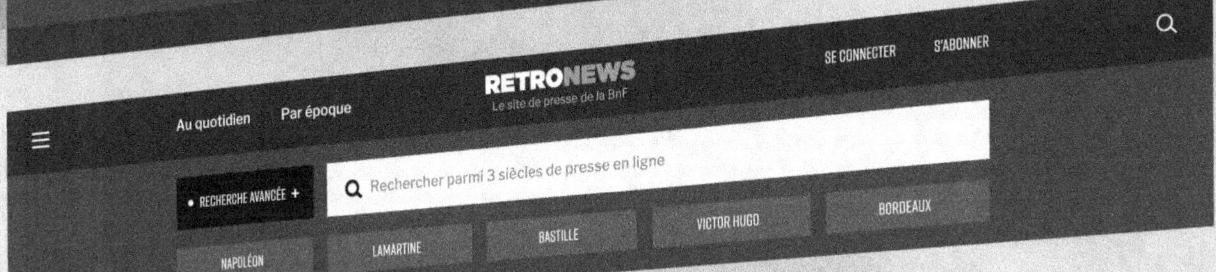

RETRONEWS

Le site de presse de la BnF

www.retronews.fr

BULLETIN

DE LA

SOCIÉTÉ PHILOMATHIQUE

DE BORDEAUX.

BULLETIN

DE LA

SOCIÉTÉ PHILOMATHIQUE

DE BORDEAUX

(Fondée en 1808)

—

2me Série.

—

HUITIÈME ANNÉE. — 1863.

BORDEAUX

CHEZ G. GOUNOUILHOU, IMPRIMEUR DE LA SOCIÉTÉ,

ancien hôtel de l'Archevêché (entrée rue Guiraude, 41).

—

1863

BULLETIN

DE LA

SOCIÉTÉ PHILOMATHIQUE

DE BORDEAUX.

RAPPORT ANNUEL

SUR LES

TRAVAUX DE LA SOCIÉTÉ PHILOMATHIQUE

PAR M. J.-B. LESCARRET

Secrétaire général

(Séance du 16 janvier 1863.)

MESSIEURS,

En présentant à l'Assemblée, pour la huitième fois, le Rapport sur les travaux de l'année, je ne puis résister au désir de mettre en parallèle deux époques déjà éloignées dans l'existence de notre Société.

L'année 1855 venait à la suite d'une exposition qui, sous la présidence de M. Alphand, n'avait pas manqué d'un certain éclat. Pour la première fois nous avions fait appel aux industriels de la France entière qui avaient répondu avec assez d'empressement.

Malgré les résultats favorables de cette exposition,

malgré les services rendus par l'encouragement donné à tant de projets et d'institutions utiles, et bien que nos classes d'adultes eussent déjà une existence de près de vingt années, notre Société était encore bien circonscrite et par le nombre de ses membres et par ses moyens d'action qui se trouvaient naturellement en proportion.

A cette époque, la Société Philomathique comptait dans son sein 140 membres qui concouraient à son œuvre.

Ce nombre s'élève aujourd'hui, en y comprenant ceux que nous venons de recevoir, à 437 membres titulaires ou actifs, nombre qui dépasse de 10 celui de l'année dernière.

Cet accroissement si considérable, et qui, d'une manière moins rapide, se maintient cependant d'année en année, témoigne que notre Société est en voie de progrès, et que l'utilité de notre institution est tous les jours mieux comprise et mieux appréciée par la population de Bordeaux.

C'est surtout à ce point de vue que le progrès est sensible.

Ce progrès, il faut l'attribuer à trois causes principales : d'abord, à l'exposition de 1859, exposition si brillante, et conduite, il faut le reconnaître, avec une hardiesse et une réussite sans exemple ;— secondement, au changement de local qui nous a permis, sans lutter avec les cercles luxueux de la ville, d'apporter tout au moins dans nos salons un degré de confortable que les habitudes et l'exemple rendent aujourd'hui nécessaire au plus grand nombre ; — en troisième lieu, à l'initiative que nous avons prise d'inaugurer dans notre ville, l'enseignement de l'économie politique.

Ce sont là, Messieurs, avec nos classes d'adultes, base fondamentale de notre institution, les trois grands actes qui, dans la période de temps que je parcours rapidement avec vous, ont assigné à la Société Philomathique le véritable rang qui lui appartenait pour les services qu'elle avait rendus, mais auquel sa réserve et sa modestie l'empêchaient d'arriver.

Sans doute, Messieurs, ce progrès, quoique réel, est encore bien lent quand on envisage le but si vaste qu'embrasse notre Société et les ressources qui lui seraient nécessaires pour en atteindre le complet développement.

Mais il faut faire la part du milieu dans lequel nous nous trouvons placés, de ce goût si peu prononcé pour les choses sérieuses, de la difficulté de vaincre l'indifférence du plus grand nombre quand il ne s'agit que de choses utiles qui ne flattent pas la vanité ou qui n'ont pas pour elles l'attrait du plaisir.

Quelles que soient les causes, multiples peut-être, de cette tendance, qu'elle tienne à notre caractère, à nos mœurs, à notre race, sinon à notre passé historique, à nos institutions et à nos lois, il est certain que cette tendance existe et qu'il faut en tenir compte.

Pour ne parler que de Bordeaux, je ne connais pas d'institutions purement philanthropiques nées de l'initiative individuelle qui aient pris un large et rapide développement.

Ces considérations, en faisant mieux ressortir le

mérite de notre persévérance et de nos efforts, doivent nous disposer à la patience et borner nos désirs d'améliorations aux limites du possible.

Nous devons encore y puiser un autre enseignement : c'est que l'alliance de l'agréable et de l'utile est nécessaire dans une certaine mesure, et que les distractions que peuvent offrir les salons de notre Cercle, sont, encore du moins, un élément indispensable au développement de notre Société, et viennent ainsi indirectement en aide à la prospérité de nos classes d'adultes.

Je dis ceci pour répondre à quelques susceptibilités honorables que j'avais entendu exprimer, et qui, un moment, avaient produit quelque impression sur mon esprit.

Sans doute, le bien que l'on fait devrait avoir assez d'attrait par lui-même pour rallier les volontés sans aucune préoccupation étrangère. Mais il n'en est pas ainsi généralement; et vouloir lutter d'une manière absolue contre le courant des idées et des tendances, c'est déserter le bien par désir du mieux et se condamner à l'inaction et à l'impuissance.

Ces observations que vous excuserez, je l'espère, en considération de l'intérêt que je porte à notre Société, et d'une expérience déjà assez longue, trouvent, pour ainsi dire, leur confirmation dans la situation de plus en plus prospère de nos classes d'adultes.

Le nombre des élèves portés au registre n'a pas augmenté en apparence. Il s'élève toujours aux environs de deux mille; mais par une plus grande sévérité dans les inscriptions, nous avons éloigné de trop jeunes élèves

qui, n'ayant pas le véritable désir de s'instruire, empêchaient les élèves sérieux de profiter des leçons des
professeurs. La mesure prise également de ne distribuer
les cartes qu'aux élèves que pouvaient contenir nos salles, a éveillé l'émulation en évitant l'encombrement.

Je le dis avec d'autant plus d'assurance, que c'est une
impression commune à tous ceux qui ont visité nos
classes : jamais les cours n'ont présenté un ensemble
aussi satisfaisant au point de vue du niveau de l'enseignement, de l'assiduité des élèves et du zèle de nos
professeurs.

Ce résultat doit être attribué, pour une bonne part,
à notre directeur des classes, M. F. Schrader, qui
déploie, dans les difficiles et pénibles fonctions que
vous lui avez confiées, un dévouement dont il faut être
témoin pour pouvoir dignement l'apprécier.

Des éloges mérités doivent aussi être donnés à la
Commission de surveillance. Vous savez, par le compte-
rendu de l'année dernière, qu'une modification avait
été apportée dans ses attributions, et que les 24 membres qui la composent s'étaient partagé, suivant leurs
aptitudes, la surveillance des divers cours.

A cette division, qui en restreignant la responsabilité la rendait plus efficace, avait été ajouté l'obligation,
pour chaque groupe de commissaires, de faire un
rapport à la fin de l'année scolaire.

Ces modifications ont eu d'heureux résultats. Non
seulement la surveillance (tout en laissant encore
quelque chose à désirer) est devenue réelle et sérieuse,
mais les rapports, remarquables pour la plupart, pré-

sentés à la fin de l'année, ont suggéré l'idée d'une foule de mesures qui ont été en grande partie adoptées par le Comité.

Je ne peux passer sous silence une question qui vous intéresse à si juste titre : je veux parler du local de nos classes d'adultes. Vous connaissez les démarches incessantes que nous avons faites depuis plusieurs années déjà auprès de l'administration municipale; vous connaissez les promesses faites par M. le Maire de Bordeaux, et sa volonté publiquement manifestée dans la dernière séance solennelle de distribution de prix, de consacrer une portion du legs de M. Fieffé à l'érection d'un bâtiment pour nos classes d'adultes.

Malheureusement, l'exécution de ce projet n'a pas marché avec le temps; les difficultés soulevées devant le Conseil d'État par les héritiers naturels de feu M. Fieffé, les formalités et les lenteurs pour arriver à la réalisation de l'emprunt municipal, tout cela (pour ne parler que de la question qui nous intéresse) a imprimé un temps d'arrêt contre lequel tous nos efforts sont demeurés infructueux.

Dans cette situation, vous comprenez, Messieurs, la réserve que je dois apporter dans l'expression d'un espoir formulé déjà plusieurs fois devant vous. Aussi, je me bornerai à dire que l'Administration municipale continue à porter à notre institution des classes d'adultes l'intérêt le plus vif et la plus bienveillante sollicitude.

M. Frédéric Passy, qui avait professé avec tant d'éclat, l'hiver dernier, un cours d'économie politique, n'avait pu épuiser dans un espace de quelques mois,

les nombreuses questions que présente cette science si
intéressante et qu'il est devenu indispensable de vulgariser; une année lui était encore nécessaire pour exposer
les points les plus importants.

Votre Comité, autorisé par le vote de l'assemblée, a
exprimé à l'éminent professeur son désir de voir continuer une œuvre si bien commencée. M. Frédéric Passy
a répondu à cet appel avec ce dévouement qui place au-
dessus de tous les intérêts celui de répandre la vérité.

Vous avez pu vous convaincre que l'empressement à
suivre ses leçons est toujours aussi grand, sinon davantage.

Espérons que les principes d'économie sociale, développés avec tant de clarté par l'éminent professeur,
serviront à dissiper bien des préjugés, bien des erreurs
accréditées.

Mais ce cours, ouvert sous notre patronage et par
notre initiative, n'eût-il pour résultat que de tracer la
voie et de jeter les premières bases d'un enseignement
public que le goût des études économiques rendrait
plus tard nécessaire dans notre ville, la Société Philomathique aurait encore rendu un service qui compterait
parmi ses actes les plus utiles.

En terminant cette revue rapide de l'année, je ne
peux m'empêcher de réveiller votre douleur par le souvenir des événements qui nous ont si cruellement frappés.

Une mort soudaine et inattendue a ravi à sa famille
et aux nombreux amis qu'il comptait dans notre Société
et dans notre ville, notre digne et regretté président,
M. Gout Desmartres. Associé de cœur à notre œuvre, à

laquelle il consacrait les ressources de ses brillantes facultés, M. Gout Desmartres a laissé dans notre ville des regrets universels, et sa mort a fait dans nos rangs un vide irréparable.

A quelques jours de là, c'est le bon et excellent Ferrière qui succombait à une longue et cruelle maladie. Élu commissaire des dépenses pendant quatre années consécutives, affectueux pour tous; toujours prêt à accepter les œuvres les plus modestes, nous regretterons longtemps ce dévouement qui s'exerçait sans aucune arrière-pensée pour lui-même, toujours dirigé par le désir d'épargner une peine aux autres.

Nous avons à regretter la perte d'autres Collègues, qui, moins connus de la plupart d'entre vous, n'en étaient pas moins rattachés par des liens étroits à notre Société.

C'est M. Israël père, ancien membre du Comité d'administration, et qui remplissait dans toutes nos Expositions un rôle si utile.

M. Delisse, esprit d'élite, qui s'était fait une place marquée dans notre Gironde par la hardiesse et la sûreté de ses conceptions agricoles. Membre du Jury de l'Exposition de 1859, nous l'avons vu apporter le concours de ses investigations consciencieuses et de ses lumières dans la répartition des récompenses, qu'il avait commencé à mériter pour lui-même en exposant une ingénieuse machine agricole.

Le chevalier Paillère, peintre de mérite, et dont le nom se rattache aux souvenirs artistiques de notre cité.

Enfin, M. Rieutord, qui était pour nous la tradition

du passé de notre Société, et des moments difficiles qu'elle avait traversés.

Vous le voyez, la liste est longue, et la Providence, durant cette année, ne nous a pas ménagé ses coups. C'est la loi commune, contre laquelle il serait déraisonnable de s'élever.

Il faut serrer nos rangs éclaircis, et, après avoir adressé un souvenir de regrets à ceux qui ont partagé nos efforts et qui ne sont plus..., il faut reprendre notre tâche avec une courageuse résignation.

Extrait du procès-verbal de l'Assemblée générale du 30 janvier 1863.

L'ordre du jour appelle les élections pour le renouvellement du Bureau.

M. le Secrétaire général donne lecture à l'Assemblée des articles 5, 6, 7 et 8 du Règlement, et M. le Président propose de voter par scrutins distincts et successifs, pour les nominations seulement des trois premiers officiers de la Société : le Président, le Vice-Président et le Secrétaire général, et de voter en même temps, mais dans des urnes distinctes, pour les autres Membres du Bureau. L'Assemblée consultée ayant adopté cette mesure, il a été procédé d'abord à l'élection du Président.

Nombre des votants, 112 ; majorité absolue, 57.

M. Armand LALANDE, adjoint au Maire de Bordeaux, a
obtenu .... 71 suffrages.
M. LEGRIX DE LASSALLE, membre du Conseil
général .... 38 —

Élection du Vice-Président.

Nombre des votants, 113; majorité absolue, 58.

M. G. VIGNEAUX a obtenu .... 71 suffrages.
M. Émile FOURCAND .... 38 —

Élection du Secrétaire général.

Nombre des votants, 101; majorité absolue, 51.

M. LESCARRET a obtenu .... 66 suffrages.
M. LUSSAUD .... 32 —

MM. Crosti et Laffargue ont été élus, par l'unanimité des suffrages exprimés, le premier, Trésorier, et le second, Archiviste de la Société Philomathique.

Élection de quatre Secrétaires-Adjoints.

M. DE SAINT-PIERRE a obtenu .... 67 voix.
M. G. AMÉ .... 62 —
M. G. LARRONDE .... 47 —
M. LUSSAUD .... 45 —
M. DAMAS .... 22 —
M. DE VOS .... 21 —

Élection de trois Commissaires des dépenses.

M. H. COLIN a obtenu .... 67 voix.
M. FONTAINE .... 54 —
M. GRELLET aîné........................... 45 —
M. DEVERDUN .... 19 —
M. JANVIER .... 17 —
M. LABEILLE. .... 8 —

M. le Président de l'Assemblée proclame que le Bureau de l'Administration, pour l'année 1863, sera constitué de la manière suivante :

MM. Armand LALANDE,   *Président.*
    G. VIGNEAUX,   *Vice-Président.*
    LESCARRET,   *Secrétaire général.*
    CROSTI,   *Trésorier.*
    LAFARGUE,   *Archiviste.*

MM. DE SAINT-PIERRE,
G. AMÉ,
E. LARRONDE,   } *Secrétaires-Adjoints.*
LUSSAUD,

H. COLIN,
FONTAINE,   } *Comissaires des dépenses.*
GRELLET,

(M. F. SCHRADER, conservant les fonctions de Directeur des Classes, aux termes du Règlement).

ASSEMBLÉE GÉNÉRALE DU 9 MARS 1863.

INSTALLATION DU BUREAU.

La réunion est très nombreuse. M. le Maire de Bordeaux et les divers membres de l'Administration municipale ont voulu assister à la réception de leur collègue, M. Armand Lalande.

M. E. Lafargue, en prenant momentanément le fauteuil de la présidence, fait connaître à l'Assemblée que le Vice-Président, M. G. Vigneaux, déjà souffrant depuis quelques jours, s'est trouvé plus indisposé dans la soirée, et que ne pouvant, malgré son vif désir, assister à la réunion, il a chargé M. le Secrétaire général de présenter ses excuses et de donner lecture du discours qu'il avait préparé à cette occasion.

Sur l'invitation de M. le Président, M. Lescarret, Secrétaire général, donne lecture du discours de M. G. Vigneaux, conçu en ces termes :

MESSIEURS,

Vous n'attendez pas de moi qu'au moment où votre dernier Comité va cesser ses fonctions, je cherche à ramener vos esprits vers les travaux et les événements de l'année qui vient de s'écouler. Ce tableau vous a déjà été présenté, dans l'une de vos dernières séances, par notre excellent secrétaire général. Il vous a dit, en termes bien meilleurs et bien mieux sentis que je ne saurais le faire moi-même, la douleur dont nous avions été frappés par la mort si inattendue de notre regrettable président M. Gout Desmartres. Il vous a, d'autre part, fait connaître l'état de prospérité de notre Société, le nombre de ses membres augmentant graduellement chaque année, nos classes d'adultes marchant avec succès, grâce à l'habileté et au dévoucment de notre directeur M. Schrader, grâce aussi au zèle, plus souvent mis à réquisition, des membres distingués qui composent le Conseil de surveillance. Enfin, il a justement constaté les nombreux témoignages d'approbation et de sympathie que la Société Philomathique avait attirés sur elle en appelant parmi nous M. Frédéric Passy, qui répand dans Bordeaux, avec un talent si élevé et un si noble dévouement, les lumières bienfaisantes de l'économie politique.

Mais tout cela ou à peu près appartient au passé, et je n'y reviendrai pas.

C'est vers l'avenir, Messieurs, que je veux en ce moment appeler vos regards, pour y chercher la voie dans laquelle nous devons diriger nos efforts, et les espérances qu'il nous est permis de concevoir.

La Société Philomathique accomplit en ce moment la cinquante-cinquième année de son existence. Depuis plus d'un demi-siècle, vous le voyez, elle a, conformément au magnifique programme tracé par l'article 1er de son règlement, favorisé le progrès des sciences, des arts, de l'industrie, fait des expositions, établi des cours publics, et elle continue à marcher dans cette voie, ouvrant ainsi la carrière à toutes les études sérieuses, en cherchant à offrir un aliment à toutes les activités qui sont dans son sein.

Mais parmi tous ces travaux, son œuvre de prédilection, ce sont les classes d'adultes qu'elle a fondées et qu'elle dirige depuis vingt-quatre ans à Bordeaux avec un succès croissant. Eclairer les ouvriers, leur donner une instruction pratique qui les attache à leur état, les habituer au travail et les arracher ainsi à la paresse et souvent au vice qui l'accompagne, à l'âge des entraînements faciles, c'est assurément faire une chose utile et louable. Mais accomplir tout cela au moyen d'une association d'hommes appartenant aux classes les plus élevées de la société, et qui y consacrent gratuitement leur argent et leur temps, c'est incontestablement faire bien mieux encore. N'est-ce pas, en effet, éveiller et développer parmi nous le sentiment du dévouement public qui honore les hommes et les nations, et, d'autre part, n'est-ce pas combattre de la manière la plus efficace l'envie et la haine que des esprits égarés ont trop souvent voulu faire naître parmi les classes inférieures?

Les classes d'adultes sont donc une grande et noble institution dont la Société Philomathique a droit d'être fière.

Cependant, Messieurs, depuis quelques années une préoccupation planait sur nos esprits. Nous voyions avec douleur que l'ancien Palais de justice, dont nous devions la concession à la bienveillance de la municipalité, local d'ailleurs insuffisant pour la bonne organisation des cours, allait tomber sous la main du temps s'il ne tombait sous celle des hommes, et que cet asile allait nous manquer.

Un événement dont nous devons remercier la Providence, est venu relever notre espoir. M. Fieffé, en léguant sa fortune à la ville de Bordeaux et en spécifiant l'emploi qui devait en être fait, nous avait, en quelque sorte, désignés à l'attention de la municipalité. Nous nous sommes immédiatement mis en rapport avec les hommes de cœur et d'esprit élevé qui la composent, et je ne fais qu'obéir à un sentiment de justice en disant que nous les avons trouvés animés pour nous du plus bienveillant intérêt.

Chaque année, à cette époque, et à cette même place, nous vous avons rendu compte de nos démarches, et l'an dernier encore on vous disait nos espérances. Depuis cette époque, la question de la succession Fieffé a reçu une solution favorable à la ville de Bordeaux et à nous-mêmes, et notre honorable maire, auquel il m'est doux de renouveler ici les remercîments et les témoignages de reconnaissance de la Société Philomathique, est venu lui-même, en son nom et au nom de l'administration qui l'entoure, au milieu de la solennité de la distribution des prix à nos adultes, vous annoncer la bonne nouvelle qui permettait la réalisation de nos espérances, et nous confirmer ses promesses. Nous pouvons donc aujourd'hui, Messieurs, grâce au legs généreux de M. Fieffé, mais grâce surtout à la sympathie des administrateurs de notre cité, compter que nous aurons prochainement un édifice qui nous permettra de maintenir nos classes et de les développer.

Parmi les membres qui composent cette administration municipale au nom de laquelle M. le Maire parlait, l'un des plus influents et des plus distingués était M. Armand Lalande, membre de notre Société depuis plusieurs années, et que, dans votre dernière assemblée générale, vous avez appelé à l'honneur de la présidence.

Un sentiment de reconnaissance bien légitime n'a sans doute pas été étranger à votre choix, mais ce sentiment n'a pas été votre seul mobile.

La Société Philomathique, depuis son origine, s'est toujours efforcée d'appeler à la présider les hommes distingués qui, dans diverses carrières, avaient rendu des services à la ville de Bordeaux ou à notre pays. En choisissant M. Lalande, vous avez voulu vous conformer à cette excellente tradition.

Je ménagerai à M. Lalande, parce que je sais aller au devant de ses désirs, les éloges auxquels il aurait droit.

Je veux cependant dire ici, Monsieur le Président, ce que tout le monde sait et ce que tout le monde dit : c'est que vous avez le mérite incontestable, dans une grande cité commerciale, d'être l'un de nos négociants à la fois les plus habiles et les plus honorables; que cependant vous avez toujours consacré et que vous consacrez encore en ce moment une large partie de votre existence à des fonctions gratuites d'intérêt public; que partout vous apportez le fruit d'études sérieuses, développées par la pratique des affaires dans un esprit droit et élevé, et que, grâce à une infatigable activité que soutient le sentiment du devoir, votre concours est partout réel et fécond. Ce sont ces qualités précieuses qui vous ont signalé à nos suffrages, et dont nous vous remercions de nous prêter le concours.

Nous travaillerons sous votre direction à maintenir parmi nous ce qui est bien, à corriger ce qui est défectueux, à améliorer et organiser l'avenir. Et, permettez-moi de vous le dire en finissant, cette Société Philomathique qui vous est déjà si sympathique, vous l'aimerez comme nous un jour, vous l'aimerez pour les services que vous lui aurez rendus, et parce qu'elle s'appuie sur des sentiments qui vous sont chers : l'amour du bien et l'amour du progrès.

Ce discours, qui renferme des considérations si justes et si élevées, a été vivement applaudi par l'Assemblée.

M. Lafargue invite les Membres du Comité nouvellement élus à prendre place au Bureau.

M. Armand Lalande, en prenant le fauteuil de la présidence, s'exprime ainsi :

Messieurs,

Je remercie notre honorable vice-président des paroles beaucoup trop flatteuses que vous venez d'entendre et que je ne dois attribuer qu'à une bienveillance extrême : de telle paroles sont hors de proportion avec ce que j'aurais pu mériter. Cependant, il est une partie de ces éloges que je ne déclinerai pas tout entière : M. le Vice-Président me fait l'honneur de penser que je suis animé d'un amour réel du bien et du progrès : je manquerais de sincérité en le contredisant. Comment, en effet, aurais-je pu accepter la présidence de votre Société, si mes sentiments à cet égard n'avaient été à l'unisson des vôtres? Permettez-moi aussi, Messieurs, de vous remercier de l'honneur inattendu que vous m'avez fait en me plaçant à la tête de cette Société importante. Convaincu que bien d'autres eussent plus utilement que moi rempli ces fonctions, j'ai hésité longtemps à les accepter; mais la bienveillante insistance des hommes honorables qui composent votre Comité a dû faire disparaître cette hésitation, et, puisque vous l'avez jugé utile, je serai heureux de joindre mes propres efforts aux efforts énergiques, persévérants, que fait depuis si longtemps la Société Philomathique pour répandre les bienfaits de l'instruction dans notre cité.

Pourquoi faut-il, Messieurs, que les premières paroles que j'ai maintenant à vous adresser, soient des paroles de douleur et de deuil, au sujet de l'honorable et excellent président que la mort vous a prématurément enlevé il y a quelques mois! Je ne répéterai pas les éloges qui, sous toutes les formes, par toutes les bouches, ont été adressés à M. Goüt Desmartres depuis sa mort : je me bornerai à

joindre ici l'expression publique de mes sympathies à toutes
celles qui lui ont.été déjà adressées. Rarement on a vu se
manifester une telle unanimité de regrets, de vifs regrets.
Tous ceux qui l'avaient connu, et vous savez si le nombre en
était grand, avaient reçu de lui ou des preuves ou des marques de bienveillance ; tous avaient pu apprécier quel ardent
amour du bien animait cet excellent cœur, et chacun. de ceux
qni l'avaient connu et aimé, donnant un libre cours à ses
sentiments, on peut dire qu'un cri général de douleur s'est
fait. entendre dans notre ville, lorsqu'on a appris que cet
homme de bien venait d'être enlevé subitement à sa famille,
à ses amis, aux œuvres diverses qu'il avait entreprises!
Adressons une fois de plus à cette mémoire aimée l'expression
de nos sympathies et de notre gratitude pour de nombreux
services rendus !

Je sais en particulier, Messieurs, quel vif intérèt M. Gout
Desmartres portait à votre Société. Homme d'étude et de
lettres, il savait tout ce que vaut la science, et devait mieux
qu'un autre apprécier les efforts de la Société Philomathique,
travaillant à répandre les bienfaits de l'instruction parmi des
hommes dignes du plus profond intérêt. Il s'occupait donc
avec zèle de ces classes d'adultes dont votre vice-président
disait avec raison, tout à l'heure, qu'elles étaient l'œuvre de
prédilection de notre Société. Permettez-moi, à mon tour,
Messieurs, de vous en dire quelques mots.

J'ai désiré, avant notre première réunion, visiter ces
classes avec les honorables membres de votre Comité, et j'ai
été impressionné d'une manière à la fois bien vive et bien
douce, en voyant ce grand nombre d'hommes, appartenant à
des professions diverses, presque tous fort jeunes, venir
ainsi, après une journée de labeur, travailler encore, chercher à s'instruire, préférant ainsi consacrer à l'acquisition de
connaissances utiles un temps que tant d'autres consacrent

au repos ou à l'oisiveté, ou à des plaisirs dangereux. L'assiduité qu'ils y mettent implique de leur part une force de volonté qui est presque un sûr garant de leurs succès à venir : ils profitent d'autant plus des leçons qui leur sont données, que leur volonté seule les y conduit ; et de toutes manières, il serait difficile d'exagérer le bien qui en doit résulter : je comprends donc combien est motivée la haute importance que vous attachez à ces cours.

En effet, Messieurs, si l'on veut appliquer une attention sérieuse, soutenue, à la recherche des moyens par lesquels, soit un gouvernement, soit les classes aisées de la société, peuvent le plus contribuer au bien-être, à l'amélioration progressive du sort des classes pauvres ou des classes ouvrières, on ne tarde pas à reconnaître que ces moyens sont extrêmement bornés, à l'exception d'un seul peut-être : l'instruction, l'éducation. Nos observations de tous les jours ne nous conduisent-elles pas, en effet, à constater sans cesse la différence énorme qui existe entre des hommes placés d'ailleurs dans des conditions égales, selon que leur intelligence est plus ou moins développée et le niveau de leur moralité plus ou moins élevé ! Les uns, s'ils sont laborieux, habiles dans leur profession, animés de sentiments honnêtes et moraux, arrivent presque certainement, pour eux et leurs familles, au bien-être d'abord, souvent à une large aisance, quelquefois à la fortune ; les autres, au contraire, sont presque fatalement destinés à l'insuccès, et trop souvent à marcher de déceptions en déceptions, quelquefois de chute en chute.

Quelle comparaison pourrait-on établir entre ce que ces hommes peuvent ainsi faire pour eux-mêmes, par une volonté énergique et intelligente dirigée dans un bon sens, et ce que l'État ou des administrations quelconques pourraient faire pour eux ? On est ainsi inévitablement amené à reconnaître que le moyen, incomparablement le plus efficace, par lequel il soit possible d'agir pour l'amélioration des classes ouvrières, c'est l'instruction, une instruction assez générale sans doute, pour ouvrir presque toutes les voies aux jeunes gens d'intelligence supérieure; mais surtout une instruction plus spécialement adaptée à leurs besoins professionnels, une instruction, enfin, qui, selon le programme de votre Société, ne soit pas seulement intellectuelle, mais morale. En éclairant seulement les intelligences de ces jeunes hommes, on s'exposerait trop souvent, Messieurs, au danger de faire naître en eux des goûts difficiles à satisfaire, des aspirations impossibles à réaliser, et des idées fausses, confuses, et par suite dangereuses, de leurs droits; mais en s'efforçant aussi de moraliser leurs âmes et d'élever leurs caractères, vous les éclairez sur leurs devoirs, vous les en pénétrez; et dès lors, les dangers possibles de l'instruction disparaissent, quand elle a ainsi pour résultat de développer simultanément chez les hommes le sentiment de leurs devoirs en même temps que la connaissance de leurs droits. C'est cette double tâche, Messieurs, que travaille à accomplir la Société Philomathique : elle ne saurait en poursuivre de plus noble, de plus utile, et les efforts qu'elle fait depuis longtemps dans ce but, avec le concours si intelligent et si dévoué des professeurs chargés de ses cours, méritent, j'ose le dire, la gratitude publique.

A l'occasion des classes d'adultes, M. le Vice-Président a parlé de nouveau de la nécessité qui se ferait prochainement sentir d'avoir un autre local convenablement disposé, puisque l'ancien Palais de justice où nos cours se font aujourd'hui est destiné à une prochaine démolition, et il a rappelé les promesses que M. le Maire de Bordeaux avait faites à ce sujet dans votre séance publique du 25 mai dernier. — Je ne puis, Messieurs, au nom de mes honorables collègues de l'administration municipale, que vous confirmer ces promesses. — La succession de M. Fieffé, par suite de divers incidents judiciaires, n'a pu encore être réalisée : dès qu'elle l'aura été, l'Administration municipale s'occupera d'en employer le produit, et alors M. le Maire de Bordeaux s'efforcera de réaliser les idées exprimées par lui, dans un programme auquel le Conseil municipal a déjà donné son assentiment, et qui comprend une partie des vœux que vous avez vous-mêmes exprimés. — Nous ne saurions douter, en cette circonstance, du bon vouloir du Conseil municipal, qui, dans l'emploi du legs de M. Fieffé, recherchera, comme toujours, à satisfaire le mieux possible les intérêts divers qui lui sont confiés.

C'est surtout, Messieurs, pour les classes ouvrières que la Société Philomathique a institué ses cours de classes d'adultes ; mais l'année dernière et cette année, elle a voulu s'adresser plus particulièrement à d'autres classes de notre société, et elle a eu une idée singulièrement heureuse, et qui, on ne saurait en douter, sera féconde, en faisant ouvrir à Bordeaux un cours d'économie politique. Elle a eu aussi la bonne fortune de rencontrer pour faire ce cours un véritable apôtre de la science économique, l'honorable M. Passy, dont le nom est devenu déjà populaire à Bordeaux, et chez lequel on ne sait qu'admirer davantage, du talent, du dévouement ou de la modestie. Je ne m'étendrai pas ici, Messieurs, sur les mérites de cet homme éminent, sur la profondeur de pensées, la puissance de logique, ou le charme de parole qui caractérisent ses cours ; mais je vous demande la permission de dire, quoique très brièvement, quelques mots de cette science importante, infiniment trop peu connue, et qu'il était si désirable cependant de voir vulgariser dans notre ville, qui, s'appuyant précisément sur les vérités que l'économie politique enseigne, a demandé la première que ces vérités pénétrassent dans notre législation internationale, et a ainsi été en France le berceau de la liberté commerciale.

Qu'est-ce, en effet, que l'économie politique? Pour peu que l'on ait étudié cette science, on ne tarde pas à reconnaître que son importance est poussée à ce point, qu'elle constitue en grande partie la science même du gouvernement. En ce qui concerne les intérêts matériels, presque toutes les questions internationales sont de son domaine, et la plupart aussi des questions importantes de législation intérieure demandent à être jugées à l'aide des vérités qu'elle enseigne.

A l'appui de cette assertion, je me bornerai à fournir une preuve qui est bien près de nous : je n'aurai qu'à rappeler les divers sujets que M. Passy a déjà traités dans ses leçons de l'année dernière et de cette année, savoir : Droit de propriété, propriété foncière, transmission des biens, hérédité, droit de tester, production, division du travail, liberté du travail, concurrence et corporations, organisation du travail, association, capital et intérêt; machines : leur nature, leur rôle, leur influence; commerce et liberté des échanges, question des subsistances, salaires, monnaie, papier-monnaie, crédit, rente du sol, population, assistance. Ajoutez à cela une foule de questions que M. Passy n'a pu traiter encore et ne pourra traiter cette année, telles que l'impôt direct et indirect, l'influence des grands travaux publics, etc., etc., et vous reconnaîtrez qu'il est bien peu de sciences aussi vastes, bien peu surtout qui touchent de plus près aux intérêts de toutes sortes et les plus importants de nos sociétés modernes; aucune enfin qu'il importe davantage de connaître, pour porter dans les affaires publiques un jugement éclairé sur les questions diverses et souvent si difficiles que ces affaires présentent.

Des progrès immenses, Messieurs, ont été accomplis dans le monde depuis vingt ans; mais nulle part peut-être ces progrès n'ont été aussi remarquables qu'en Angleterre, dont les réformes douanières, commencées en 1842, ont eu des résultats si considérables et si éclatants! — Or, toutes ces réformes dont le succès a été uniforme, invariable, ont été effectuées conformément aux vérités que l'économie politique avait depuis longtemps enseignées. Les conséquences qui en sont résultées pour le bien-être des populations ont dépassé toutes les prévisions : le paupérisme a diminué; toutes les branches de la production nationale, commerce, industrie, agriculture, ont prospéré d'une manière inconnue jusqu'alors ; malgré des diminutions constantes dans les tarifs des douanes, les revenus publics n'ont cessé de grandir; jamais une pareille prospérité n'avait existé dans ce pays, ni une pareille concorde entre les diverses classes de la société, conséquence naturelle de réformes intelligentes et jūstes. — Tels ont été, Messieurs, les heureux effets de l'application intelligente, prudente, progressive, des vérités que l'économie politique avait enseignées, et que nous verrons, il n'en faut pas douter, se réaliser chez nous aussi, lorsque des circonstances funestes, mais heureusement passagères, auront cessé.

La Société Philomathique a donc eu une pensée excellente et féconde en instituant à Bordeaux un cours d'économie politique : ce sera un nouveau et important service rendu par elle à nos concitoyens. Je suis heureux et fier, Messieurs, de m'associer à de tels actes : je ne redoute que mon insuffisance ; mais, du moins, veuillez croire que je ne manquerai point, dans la mesure de mes forces, de joindre à vos honorables efforts pour faire le bien ma part de zèle et de bonne volonté.

Ce remarquable discours est vivement applaudi par l'Assemblée, et M. Lalande reçoit les félicitations de ses collègues, et en particulier celles de M. le Maire de Bordeaux.

OBSÈQUES DE M. GASTON VIGNEAUX

VICE-PRÉSIDENT DE LA SOCIÉTÉ PHILOMATHIQUE

7 mai 1863

Une triste cérémonie avait réuni les membres de notre Société autour du cercueil d'un homme de bien. Les qualités exquises de M. G. Vigneaux, sa constance dans l'amitié, son amour éclairé du progrès, lui avaient attiré les sympathies méritées de tous ceux qui l'avaient connu, et sa mort, en brisant soudainement une vie si bien remplie, avait jeté la consternation dans sa famille et dans le cœur de ses nombreux amis. Les obsèques ont eu lieu dans l'église Saint-Bruno. Les cordons du poêle étaient tenus par MM. Dubertrand, conseiller à la Cour impériale; Baron, président de la chambre des notaires; Poumereau, président du conseil d'assistance judiciaire, et Lescarret, secrétaire général de la Société Philomathique.

M. Lescarret a prononcé sur la tombe, au milieu d'une profonde émotion, le discours suivant :

« Avoir vécu de longues années dans l'intimité avec le meilleur des hommes; avoir été initié à ses généreuses pensées, à ses aspirations vers tout ce qui est humain et juste; et de ce commerce intime dans le bien, la plus douce satisfaction des âmes élevées, se trouver sans transition auprès d'un cercueil qui renferme les restes éteints de cette organisation qu'animait, il y a quelques jours encore, une flamme si pure, quel cruel moment! et quelles paroles trouver, sinon un acte de soumission aux décrets de la Providence!

» C'est la seule consolation, en effet, quand nous voyons tomber autour de nous, les uns après les autres, tous ceux que nous avons aimés, comme autant de parties qui se détachent de nous-mêmes, et nous laissent affaiblis et le cœur déchiré.

» Aujourd'hui, des amis qui nous restent au milieu de nos rangs éclaircis, c'est le meilleur que nous perdons, le plus affectueux et le plus juste; celui dont tous les actes, accomplis sans ostentation et sans bruit, étaient toujours dirigés par une pensée bienveillante ou utile, et soutenus par ce sentiment calme et digne d'un devoir à remplir.

» Aussi que de regrets sincères laisse après lui le bon et excellent Vigneaux!

» Que d'estime et d'affection entouraient sa personne dans le sein de la Société Philomathique, dont le président désolé, mais retenu par des devoirs impérieux, me charge de remplir en son nom, et au nom de la Société tout entière, le pénible devoir d'exprimer la douleur qui nous a tous accablés.

» Je me rappelle, il y a près de huit ans de cela, la réception de M. Vigneaux dans les salons de la Société.

» Sous la pureté des lignes de cette belle et heureuse physionomie se trahissait, avec le calme d'une conscience tranquille, une expression de douceur et de bienveillance contenue qui inspirait tout d'abord l'intérêt et la sympathie.

» Pauvre ami, je ne croyais pas alors que les liens d'une amitié si étroite qui devait nous unir seraient sitôt brisés?

» Aux élections de 1859, il fut nommé vice-président, et depuis ce moment il n'a cessé un seul jour de s'occuper des intérêts de notre Société.

» Retiré des affaires, l'esprit élargi par les voyages et par la lecture, il déplorait souvent, en me faisant le récit de ces vastes associations d'utilité publique qui, dans la Suisse, une partie de l'Allemagne, exercent une si grande influence sur l'instruction et la moralisation des masses, il déplorait de voir le progrès s'accomplir si lentement autour de nous, par suite de l'absence de cet esprit d'initiative qui est, dans les Sociétés, comme un levier puissant auquel tout cède à la longue, pourvu qu'on étende toujours davantage le cercle de son action.

» Mais ses regrets étaient toujours exempts d'amertume, et dans ses désirs les plus ardents il n'y avait ni impatience ni découragement.

» Cette quiétude ne venait pas seulement de son caractère, mais de cette appréciation juste qu'il ne faut pas tendre au-delà du possible, et que celui-là accomplit sa tâche devant Dieu, qui apporte une pierre à cet édifice toujours inachevé que l'humanité, dans son aspiration vers une perfection idéale, élève sur cette terre à la justice, à la paix et à la vérité. Comme tous les hommes que n'aveugle pas la passion, et qui trouvent dans leur conscience le germe de généreux instincts, M. Vigneaux avait foi, une foi entière, dans l'instruction, dans le libre développement des facultés humaines.

» C'est cette tendance de son esprit qui lui fit consacrer une si large part de son temps et de ses préoccupations à l'enseignement donné par la Société Philomathique aux ouvriers adultes de notre cité.

» C'est en suivant cette même pente qu'il arriva à l'économie politique.

» Lorsqu'il eut compris que l'enseignement de cette science pouvait être utile et fécond, rien ne le détourna du but qu'il voulait atteindre.

» Procédant avec cette sage lenteur qui, en bien des choses, est le gage assuré du succès, il leva tous les obstacles, aplanit toutes les difficultés, et un cours d'économie politique fut inauguré à Bordeaux, sous le patronage de la Société Philomathique.

» Qui de nous ne se rappelle ces soirées où l'élite de la population se pressait pour entendre l'éminent professeur qui a laissé tant de sympathies dans notre ville !

» Comme notre bon et excellent Vigneaux était heureux ! Avec quelle sollicitude il veillait sur tous les détails de ce cours de M. F. Passy, confondant dans un même culte, et le professeur, et la science qu'il enseignait !

» Ce fut son œuvre de prédilection, à laquelle son nom restera justement attaché, mêlé au souvenir d'étroite amitié que lui voua le professeur, aussi distingué par la noblesse des sentiments que par le savoir, et dont cette fatale nouvelle, hélas ! va briser le cœur.

» Ce fut sa dernière œuvre. Cette tâche accomplie, il s'est éteint.

» Et, quelques heures après sa mort, sa figure sereine, avec un sourire à demi-voilé, semblait nous dire :

» *J'ai fait le bien, j'ai cherché la vérité.*

» *Je suis tranquille, j'ai confiance en Dieu !* »

Assemblée générale du 12 mai 1863.

RÉFLEXIONS

SUR L'ENSEIGNEMENT DES CLASSES D'ADULTES

Par M. ORDINAIRE DE LACOLONGE.

MESSIEURS,

Lorsque je commençais à jeter sur le papier les réflexions que je vais avoir l'honneur de vous soumettre, je n'avais pas l'intention de les communiquer à un aussi nombreux auditoire; elles devaient être le complément des Rapports sur les Concours des Classes d'Adultes, et je les destinais au Conseil spécial qui les surveille. J'ai réfléchi depuis, que vous entretenir de nos Classes était un sûr moyen de captiver votre attention, et que les idées que j'avais à vous soumettre, une fois sanctionnées par une Assemblée générale, deviendraient plus faciles à exécuter.

Il s'agit donc, Messieurs, de conquérir votre approbation. La chose pourrait être difficile avec mon seul patronage; mais les propositions dont il s'agit avaient déjà été mûries par un collègue, notre ami il y a quinze jours à peine, aujourd'hui notre bienfaiteur. Hier encore, à la séance de la Commission de Surveillance, j'ai pu me convaincre, par l'assentiment unanime de ses membres, que M. Vigneaux avait apporté ici sa rectitude de jugement habituelle, et que le résultat de mes affectueux entretiens avec notre regretté Vice-Président était digne de vous être communiqué.

Ceci posé, mon rôle d'interprète commence.

Si notre Société a mérité d'être déclarée d'utilité publique, ce n'est point parce qu'elle se compose de gens qui savent se réunir sans se livrer à la triste passion du jeu, mais bien parce qu'elle coopère au développement de l'industrie et de l'instruction de la classe ouvrière dans la limite de ses ressources, qui ne sont pas malheureusement au niveau de ses bonnes intentions.

Les Expositions deviennent de plus en plus difficiles, le public commence à s'habituer aux grandes exhibitions décennales : on ne peut plus lui en offrir de médiocres ; il les faut belles, c'est à dire coûteuses. Telle circonstance imprévue peut faire manquer l'opération la mieux combinée, et jeter dans les plus graves embarras une Société qui n'émet ni actions, ni obligations, et n'a point de capital d'amortissement. Mon avis est donc qu'il faut être sobre de pareilles tentatives, et que c'est par d'autres efforts qu'il convient de chercher à mériter toujours et sans cesse notre titre et l'assentiment de nos concitoyens. Quoi de plus utile que nos Classes d'Adultes ! Qui peut mieux qu'elles nous mériter le concours et l'estime des gens de bien ! C'est donc d'elles qu'il faut s'occuper ; et là les résultats sont certains, car la semence, dans un pareil terrain, porte toujours des fruits qui paient au centuple le labeur de celui qui l'a jetée.

Dans leur origine, nos Cours avaient pour but de

donner une instruction tout à fait élémentaire aux ouvriers adultes qui, dans leur première enfance, en avaient été absolument privés. Il est certain qu'à ce point de vue notre mission cessera, avec le temps, d'avoir là même importance. Les enfants de la campagne trouvent dans leurs villages des écoles communales, et les parents n'éprouvent plus la même répugnance à les y envoyer. Dans les villes, il y a les écoles primaires et celles des Frères de la Doctrine chrétienne. La génération d'ouvriers qui se prépare saura, en grande majorité, lire, écrire et compter, à l'âge de l'apprentissage. Si donc votre enseignement s'était limité à ces trois éléments indispensables, il serait dès aujourd'hui possible d'entrevoir l'époque où nos bancs seront à peu près déserts. Mais ceux d'entre nous qui ont été appelés à l'honneur de diriger, à divers titres, les travaux de la Société, ont bien compris qu'il convenait de ne pas tenir le Programme des Classes dans des limites aussi restreintes. Toutes les fois que les circonstances l'ont permis et que le besoin s'en est fait sentir, un Cours nouveau a été créé. C'est ainsi que nous en possédons aujourd'hui plusieurs qui initient les ouvriers aux premiers éléments des sciences exactes, et leur permettent de puiser dans l'art du dessin des enseignements très utiles pour toute espèce d'industrie.

Mais pour que ces Cours produisent tout l'effet dont ils sont susceptibles, il faut qu'ils soient coordonnés entre eux par un programme raisonné.

La géométrie descriptive, prise isolément, est certainement fort utile; mais elle le deviendra bien davantage si le professeur se tient au courant de ce qui se passe dans les classes de coupe, et démontre théoriquement aux élèves ce qu'ils exécutent sur le plâtre ou sur le bois.

L'étude de la physique, qui commence toujours par l'examen des propriétés apparentes les plus simples des corps, doit être un puissant auxiliaire du Cours de Machines. L'élève sera bien préparé aux leçons d'hydraulique, s'il a des notions saines sur les liquides, et ne comprendra les machines à vapeur que s'il se fait une idée rationnelle des fluides aériformes. Ces exemples suffiront pour faire comprendre ma pensée.

Notre Cours de Mécanique ne saurait être réellement théorique; il ne peut cependant marcher, même dans un sens purement pratique, sans l'aide de la trigonométrie rectiligne. Ne conviendrait-il donc pas d'en donner quelques notions? celles, par exemple, qui permettraient d'appliquer le théorème du parallélogramme des vitesses, sans lequel il est impossible de bien saisir l'action de l'eau sur les roues hydrauliques.

Cette année, tous nos Cours, sauf celui qu'une mort fatale a forcément arrêté, tous nos Cours, dis-je, ont heureusement abouti. Pour tous, les professeurs se sont limités avec beaucoup de tact à ce qui convenait à la culture intellectuelle de leurs élèves. Il faut donc, jusqu'à nouvel ordre, se maintenir dans les bornes ainsi fixées par l'expérience. Je ne les indiquerai pas ici, pour éviter des détails techniques, spécifiés du reste dans les Rapports présentés sur chaque Cours. Mais si nous sommes en bon chemin, il importe d'y régler la marche des trains, et de préparer la voie qui nous permettra d'avancer davantage vers le but, c'est à dire de donner aux adultes des connaissances professionnelles.

Suffit-il, en effet, qu'un charpentier sache dessiner une ferme ou une croupe et la tailler en petit? N'avons-nous pas sur tous nos ruisseaux des moteurs qui sont presque dans l'enfance, parce que les charpentiers de moulins ne sortent pas des habitudes d'une routine séculaire, et ignorent que l'on peut tirer d'un cours d'eau le double et le triple de ce qu'ils lui font produire? Quand un ouvrier mécanicien aura puisé dans nos salles quelques notions élémentaires de mécanique et copié les modèles de deux ou trois appareils connus, comprendra-t-il assez le rôle et les propriétés des forces de la nature pour se rendre compte du parti que les ingénieurs savent en tirer? Il peut se trouver parmi nos élèves des intelligences bien douées et inventives; ne serait-il pas utile de les enpêcher de se consumer en efforts improductifs? Pour cela, il faut leur apprendre ce qui existe déjà, ce qui résulte de l'expérience de nos devanciers, pour qu'en cherchant ils ne retombent pas sur le passé.

Les exemples ne manquent pas à l'appui de mon idée, qui peut se formuler ainsi : se contenter d'éléments théoriques, faire connaître beaucoup de résultats pratiques. La théorie est interprétée à Bordeaux par d'éminents professeurs, dont l'auditoire, préparé par des études antérieures, suit les leçons avec fruit. Nous n'avons pas la présomption de marcher dans une voie parallèle; mais les faits qui résultent de la pratique industrielle ne sont, dans notre ville, interprétés nulle part, et là nous pouvons prendre une belle place. Il ne s'agit pas de faire des ingénieurs, mais des contre-maîtres qui comprennent les ingénieurs.

Cette tâche est déjà bien forte pour nous; mais en l'entreprenant progressivement, comme nous avons déjà commencé à le faire, le fardeau deviendra de plus en plus facile à soulever.

Hercule veut qu'on se remue, Hercule nous aidera quand il verra nos efforts couronnés de succès. Vous allez m'objecter l'exiguité de nos ressources, la difficulté de trouver des professeurs qui aient des connaissances, du loisir et de l'abnégation. A cela, j'ai des réponses toutes prêtes. Il ne s'agit pour le moment que de dépenses insignifiantes, qu'on peut même encore ajourner. Mais les professeurs? me direz-vous. Je répondrai à cette question par une autre : Combien dans notre Société, formée de représentants de toutes les classes de la société, ne se trouve-t-il pas de personnes qui consentiraient à faire deux heures de leçons par semaine sur la pratique de leur profession? Puis il ne s'agit pas d'improviser un personnel, mais de l'augmenter progressivement, suivant les besoins et les circonstances. Quant au dévouement, nous a-t-il jamais fait défaut? N'avons-nous pas des professeurs qui n'ont jamais calculé, comme je le fais ici, que le mieux rétribué d'entre eux gagne, par heure, un peu moins que l'homme de peine dont les bras font marcher la roue du tourneur?

L'établissement progressif de Cours professionnels est

donc possible; je vais prouver qu'il est facile, et que nous pouvons dès l'an prochain faire dans cette voie un pas de plus.

Nous avons eu la bonne fortune de trouver, pour le Cours de Mécanique, un jeune homme ayant puisé les connaissances nécessaires dans l'un des établissements où se forment les praticiens instruits : je veux parler de l'École des Arts-et-Métiers d'Angers. Son Cours a été suivi jusqu'au bout par plus d'élèves que les années précédentes; mais la science dont il s'agit est tellement vaste dans ses applications (veuillez bien remarquer que je ne veux point parler de la mécanique rationnelle, plus vaste encore), que la durée de l'année scolaire n'a permis de développer que le tiers du programme environ. En se pressant beaucoup, on pourrait peut-être le finir l'an prochain. Pour les ouvriers sédentaires, les Cours répartis sur plusieurs exercices n'ont aucun inconvénient; mais parmi nos auditeurs il se trouve beaucoup d'ouvriers de passage : les uns font leur tour de France, les autres, venus pour coopérer à une entreprise, quittent Bordeaux quand elle est terminée, et vont dans une autre ville chercher l'ouvrage qui leur fait défaut ou qui se présente ailleurs dans des conditions plus avantageuses. Pour ceux-là, il peut se faire que la partie du Cours qui les intéresse le plus soit précisément celle qui n'est pas professée pendant leur séjour.

Je crois donc qu'il serait utile de scinder, à mesure qu'on le pourrait, les Cours trop longs pour être développés en entier dans les cinq mois dont se compose notre année scolaire. Celui de mécanique, à qui je donnerais le nom plus modeste de *Cours de Machines,* est dans ce cas, et pourrait se fractionner de la manière suivante :

1re Partie :_Théorie élémentaire, machines simples, cynématiques et moteurs animés.

2e Partie : Hydraulique et aérométrie.

3e Partie : Machines à vapeur et chemins de fer.

La première partie aurait deux leçons par semaine, parce que c'est celle qui a le plus d'importance; qu'elle est indispensable pour bien comprendre les autres, et que par conséquent elle doit marcher plus vite. De cette façon, pendant que les deux autres parties, n'ayant qu'une séance par semaine, en seraient encore aux généralités, la première aurait déjà traité des notions de force et de vitesse nécessaires pour l'intelligence des moteurs hydrauliques et à vapeur.

Pour la deuxième partie, je crois pouvoir vous trouver un professeur, si vous voulez bien l'agréer sur ma recommandation.

Pour la troisième, il peut se faire qu'il s'en présente; mais s'il n'en était pas ainsi, M. Dariet pourrait s'en charger comme continuation de son Cours. La première partie ne serait alors pas professée cette année.

Un Cours de Machines peut difficilement se passer de modèles; donc il nous en faut. Où les prendre? D'abord nous en avons : ce sont les planches gravées qui servent à nos élèves du dessin. S'il en existait un catalogue, les professeurs de machines pourraient le consulter avant chaque leçon, et emprunter, pour deux heures au plus à leur collègue, les figures nécessaires à leurs démonstrations. Quelques achats compléteraient ces ressources, et auraient de plus l'avantage de mettre à la disposition des copistes les modèles des machines les plus récentes. J'insiste sur ce point : le Cours de Dessin industriel doit être un puissant auxiliaire de celui de Machines, car si l'élève qui copie voit autre chose que des lignes et des teintes à imiter, s'il saisit en un mot le jeu des organes représentés, son travail est doublement fructueux : il lui donne de la main et développe son intelligence.

Mais nous pouvons encore sans frais, ou à peu de frais, créer une collection de modèles qui nous seront d'autant plus précieux, qu'ils prouveront à la fois, et la capacité de nos élèves, et leur reconnaissance pour nous. Il suffit pour cela de faire de temps à autre exécuter, pour les bons élèves des classes de coupe, des modèles en plâtre de coursiers de roues hydrauliques, et en bois ces roues elles-mêmes. Ces travaux, confiés aux meilleurs sujets à la fin du Cours, resteraient la propriété de la Société; ils porteraient une étiquette au nom de l'élève. Je sais que la plupart d'entre eux tiennent à emporter le produit de leur travail; mais ceux devenus assez adroits pour coopérer à cette œuvre, auront certainement confectionné plusieurs objets dans le courant des cinq mois de leçons. Leur en demander un seul n'aurait rien d'exorbitant. Du reste, cette condition leur serait imposée avant de les mettre à l'œuvre, et on aurait soin de leur en faire connaître les motifs.

Le choix des modèles à exécuter successivement

serait confié aux professeurs. Parmi nous, il est plusieurs ingénieurs qui ont les dessins des meilleures machines en usage : ils fourniront très volontiers les épures nécessaires pour établir les reliefs. Je me suis déjà assuré le concours de deux de ces messieurs. Le plâtre et le bois ne nous manquent pas. Reste, pour les parties métalliques, à savoir où les trouver. En commençant, elles seront peu nombreuses, parce qu'on attaquera d'abord les objets presque uniquement en bois. Les quelques détails en fer qui peuvent être indispensables se trouveront chez l'un de nos collègues, qui se prêtera, je le sais, à leur confection, en réduisant ses prix au juste nécessaire.

Il y a un instant, je cherchais à faire ressortir le double but de l'emploi des modèles; le sujet est assez important pour que vous me permettiez d'y revenir. Ce n'est pas tout que de dégourdir la main et de parler à l'esprit : il faut encore former le goût. Dans les constructions de notre époque, à Bordeaux, on fait beaucoup plus de sculpture qu'autrefois. A mon sens, elle est souvent trop maniérée. Il faudrait donc présenter aux élèves des modèles qui n'aient pas ce défaut. Sous ce rapport, notre collection a besoin d'être épurée. Comme elle contient beaucoup de très bonnes choses, on saura facilement où trouver de quoi combler les vides qui résulteront de cette épuration.

Parmi nos dessins de machines, quelques-uns représentent des appareils aujourd'hui abandonnés. Il conviendrait de les remplacer par d'autres qui manquent et qui sont d'un usage fréquent. Je connais une série de roues et appareils hydrauliques d'une véritable valeur à. mon double point de vue.

L'enseignement du dessin d'architecture et de machines est confié au même professeur, qui gémit sous le fardeau. Il a beau nous répéter qu'il est architecte et non mécanicien, le succès de son enseignement nous ferme les oreilles, et nous sommes tentés de ne pas le croire. Ainsi, n'est-ce pas ce motif qui porte le Comité de Surveillance à proposer de scinder le Cours en deux : c'est tout simplement l'affluence des élèves, pour lesquels le local est insuffisant. Une nouvelle et heureuse combinaison de notre excellent Directeur des Classes fait face à tous les inconvénients; elle sera soumise avant peu au Comité de la Société.

J'ai encore à vous parler de deux détails secondaires qui ont cependant une importance relative. Nos Cours sont peu connus, et notre honorable Président lui-même, lors de sa première visite, s'étonnait de leur importance; il faut donc leur donner de la publicité. Plusieurs professeurs ont pris l'habitude d'annoncer dans les journaux, avant la séance, la question qu'ils doivent y traiter. Cette excellente pratique devrait être suivie pour tous les Cours librement ouverts au public. Il est inutile de faire ressortir les avantages de cette mesure.

Que nous reste-t-il qui puisse donner l'idée de notre enseignement des années précédentes? Rien ou bien peu de chose. Si chaque professeur, sa leçon terminée, consignait, sur un petit registre spécial, l'objet ou la théorie dont il vient de parler, ces cahiers deviendraient avec le temps d'un haut intérêt. Ils devraient indiquer en outre le nombre des élèves et le nom des lauréats. Le Directeur des Classes, en les visant annuellement, y annexerait le Rapport des examens signé par les Commissaires, et nous aurions ainsi, dans nos archives, l'histoire de notre enseignement.

Tout cela augmentera sans doute la besogne de notre Directeur des Classes; mais soyez sûrs qu'il ne s'en plaindra pas. Donnez-lui les moyens de réaliser tout le bien qu'il médite; et plus vous le chargerez, plus il croira à votre reconnaissance pour ses constants efforts. Je n'ai pas qualité pour la lui exprimer; d'autres le feront avec plus d'autorité et en meilleurs termes que moi.

Je voudrais, Messieurs, en terminant, pouvoir vous nommer ceux de nos Collègues à qui sont dues chacune des idées dont je viens de faire mon profit; ma mémoire ne me le permet pas. Nos pensées étaient communes, et nous étions tous animés du désir de voir nos Classes d'Adultes entrer de plus en plus dans la voie des études professionnelles. Ce motif vous portera, je l'espère, à m'excuser, si je vous ai imposé aussi longtemps la fatigue de m'écouter.

13 mai 1863.

DISTRIBUTION SOLENNELLE DES PRIX ET MÉDAILLES

AUX ÉLÈVES DES CLASSES D'ADULTES

La distribution solennelle des prix et médailles aux élèves des classes d'adultes, avait attiré une foule nombreuse dans la salle des concerts du Grand-Théâtre. On remarquait parmi les autorités, M. le sénateur Pietri; M. Balaresque, représentant M. le Maire de Bordeaux; M. Dauzat, inspecteur de l'Académie chargé de remplacer M. le Recteur; M. Menche de Loisne, secrétaire général de la préfecture; M. Benoist, inspecteur des écoles primaires. Plusieurs notabilités de la magistrature et du commerce avaient voulu assister à cette cérémonie avec les membres de la Société Philomathique, témoignant ainsi de leur sympathie pour cette utile institution des classes d'adultes.

Deux Anglais de distinction, de passage dans notre ville, avaient été invités à assister à cette solennité. C'était sir John Bowring, un des fondateurs, avec Cobden, de la fameuse ligue formée pour obtenir le rappel de la loi sur les céréales : il était accompagné du colonel Balfour, un des officiers les plus distingués de l'armée anglaise.

A une heure, M. Armand Lalande, président de la Société Philomathique, prend place au bureau avec les représentants de l'autorité et les membres du Comité d'Administration. Après avoir déclaré la séance ouverte, il s'exprime en ces termes :

MESSIEURS ET CHERS ÉLÈVES,

Au moment où la Société Philomathique vous appelle pour vous décerner les récompenses si justement dues à votre travail et à votre mérite, je voudrais être tout entier au sentiment de satisfaction et de joie que nous partageons avec vous ; mais je manquerais à un devoir qui nous est commun, au devoir de la reconnaissance, si mes premières paroles n'étaient des paroles de regret pour les deux hommes distingués, si bienveillants, si dévoués, qui, l'année dernière encore, dans la même solennité qui nous réunit maintenant, étaient placés à la tête de la Société Philomathique, et qui ne sont plus aujourd'hui.

Par la mort prématurée de M. Gout Desmartres, président de notre Société, et, quelques mois après, par celle de M. Vigneaux, son vice-président, vous avez perdu deux de vos amis les plus vrais.

Je n'ajouterai rien à ce qui a été dit de M. Gout Desmartres mieux que je ne saurais le faire. Je me bornerai à rappeler que sa mort fit éclater à Bordeaux des sympathies et des regrets universels, parce que tous ceux qui le connaissaient avaient pu apprécier sans cesse tout ce qu'il y avait en lui de bienveillance et d'ardent amour du bien. Il éprouvait, au plus haut degré, ces sentiments pour les œuvres que cherche à accomplir la Société Philomathique, et il était si profondément pénétré du bien que produisent les cours de nos classes d'adultes, qu'il avait résolu, lorsqu'il nous fut enlevé, de faire lui-même un cours de géographie commerciale, pour lequel nous manquions de professeur.

Les habitudes de retraite que M. Vigneaux avait contrac-
tées depuis quelques années n'avaient permis qu'à un moindre
nombre de personnes de connaître et d'apprécier ses efforts
pour faire le bien : son mérite se cachait trop sous sa modestie ; mais ceux qui, comme nous, ont pu, de près, le voir à
l'œuvre, conserveront un souvenir ineffaçable de ses efforts
pour être utile, et surtout du zèle, des soins incessants qu'il
apportait à tout ce qui concerne la Société Philomathique,
notamment à ses classes d'adultes. Il a voulu continuer à
être son bienfaiteur, même après sa mort, car il lui a légué
par ses dernières volontés une somme de 2,000 fr.

Vous vous associerez, je n'en doute pas, Messieurs et
chers élèves, à ces paroles de reconnaissance pour leur
dévouement et de regrets pour leur perte prématurée, par
lesquelles j'ai essayé d'être l'interprète de vos sentiments et
de ceux de notre Société tout entière, à l'égard de M. Gout
Desmartres et de M. Vigneaux. — Ils furent bons et dévoués :
que leur mémoire soit honorée et aimée!

La distribution des prix aux élèves de nos classes d'adultes est toujours, pour les membres de la Société Philomathique,
une solennité pleine d'intérêt et une source de satisfaction.
Ils voient à ce moment, groupés autour d'eux, l'élite des
élèves qui ont fréquenté leurs classes et qui sont comme
l'expression des résultats obtenus, des progrès réalisés,
pendant les sept mois d'études précédents. — Les classes
d'adultes sont, en effet, l'œuvre de prédilection de la Société
Philomathique, car c'est par elle que notre Société réussit
le mieux à faire du bien ; — aussi cette œuvre a-t-elle les
sympathies de tous ceux qui la connaissent, de tous ceux
qui peuvent apprécier les bons résultats qu'elle produit, — et,
je suis heureux de le dire, personne n'éprouve davantage
ces sympathies que les membres de la municipalité bordelaise,
dont M. le Maire de Bordeaux, malheureusement absent au-

jourd'hui, vous apportait l'année dernière l'expression, dans des paroles si pleines de bienveillance.

Ce n'est pas pour vous, Messieurs et chers élèves, que j'entrerai ici dans quelques détails relativement à nos classes d'adultes, dont vous connaissez et éprouvez les avantages ; mais les cours qui s'y sont faits n'étant peut-être pas suffisamment connus de toutes les personnes qui entendront ces paroles, j'ai cru devoir saisir cette occasion de les faire mieux connaître, et d'appeler à la fois l'attention publique, et sur elles, et sur les professeurs distingués et dévoués qui en sont chargés.

Nos cours ont été, cette année, au nombre de dix-huit :

1° Lecture (classe élémentaire) : professeur, M. Fénasse jeune ;

2° Lecture (classe supérieure) : profeseur, M. Fénasse aîné ;

3° Écriture : professeur, M. Dupreuilh ;

4° Classe élémentaire d'orthographe et de calcul : professeur, M. Dupreuilh ;

5° Classe supérieure de grammaire française : professeur, M. Clouzet aîné ;

6° Arithmétique : professeur, M. Bonnetat ;

7° Comptabilité commerciale : professeur, M. Dieuzaide ;

8° Géométrie : professeur, M. Bisseuil ;

9° Géométrie descriptive : professeur, M. Bisseuil ;

10° Algèbre : professeur, M. Bonnetat ;

11° Mécanique théorique et appliquée : professeur, M. Darriet ;

12° Dessin d'architecture et de machines : professeur, M. Sainpé ;

13° Dessin d'ornement : professeur, M. Salomon ;

14° Coupe des pierres : professeur, M. Gatté ;

15° Coupe des bois de menuiserie : professeur, M. Russier ;

16° Coupe des bois de charpenterie : professeur, M. Cassin ;

17° Physique : professeur, M. Billiot ;

18° Chimie : professeur, M. Prat.

La simple énonciation de ces diverses branches d'instruction pratique, si bien adaptées aux besoins des classes ouvrières, suffit presque pour donner une idée de l'utilité, de l'importance des cours de nos classes d'adultes, et des avantages qui peuvent en résulter pour les élèves qui les fréquentent. Pour faire comprendre à quel point ces avantages sont appréciés de nos élèves eux-mêmes, il suffira de dire que le nombre des inscriptions s'est élevé cette année à 1810.

Je suis heureux d'ajouter que tous les professeurs chargés de nos divers cours remplissent leur mission avec une intelligence, un zèle, un dévouement et un succès qui ont droit à toute notre gratitude. — Je saisis cette occasion de la leur exprimer publiquement, et de dire aussi tout ce que nous devons de reconnaissance à notre excellent directeur des classes, M. Schrader, qui s'aquitte du mandat qu'il a bien voulu accepter, avec un zèle et un dévouement dont il faut être témoin pour en avoir une juste idée. — Les honorables membres de la commission de surveillance des classes qui veulent bien nous prêter leur précieux concours et qui y consacrent tant de soins, ont droit également à notre vive gratitude ; je suis heureux de la leur exprimer.

Je ne voudrais pas, chers élèves, retarder trop longtemps la distribution des récompenses qui vont vous être accordées, et que nous sommes impatients de vous distribuer ; — cependant, je crois devoir saisir l'occasion qui m'est offerte de vous adresser encore quelques réflexions dictées par le désir de vous être utile.

Il n'est pas possible de visiter les classes d'adultes de la Société Philomathique sans être fortement impressionné du fait remarquable qu'elles présentent. — Qui fréquente ces classes, et les fréquente en si grand nombre? — De laborieux ouvriers, presque tous jeunes, qui, après avoir passé tout une journée dans leurs ateliers, viennent le soir travailler encore, et rechercher dans les cours de la Société Philomathique des moyens d'instruction. — Nous vous félicitons, chers élèves, des avantages que cette instruction vous assure; mais nous devons aussi, et plus encore peut-être, vous féliciter de la disposition d'esprit et des sentiments honorables qu'implique l'énergie de volonté qui vous porte, non-seulement à sacrifier vos plaisirs, mais quelquefois même votre repos, pour vous instruire et vous rendre de plus en plus capables d'exercer avec succès vos professions diverses.

Nous ne saurions trop louer ces dispositions de votre part, qui prouvent à quel point vous êtes convaincus que c'est à votre travail, à vos énergiques efforts, à votre aptitude de plus en plus grande, que vous devez demander les moyens d'améliorer votre position. — Cette voie, la voie d'un travail opiniâtre et intelligent, est, en effet, la seule où vous puissiez trouver réellement le succès et le bonheur; et ces succès seront d'autant plus grands que vous aurez fait plus d'efforts, soit pour accroître votre fonds d'instruction, soit pour vous perfectionner sous tous les rapports.

A l'appui de cette pensée, je pourrais me borner à dire qu'il suffit de porter un regard attentif autour de soi pour reconnaître, malgré des points de départ souvent semblables, soit sous le rapport de l'intelligence, soit autrement, quelles différences existent d'homme à homme, dans leur valeur personnelle, dans leurs moyens d'action, et par suite dans leurs succès, selon qu'une éducation primitive, plus ou moins bonne quoique simple, et leurs efforts ultérieurs, leur ont permis d'atteindre à un niveau intellectuel et moral plus ou moins élevé. — Mais, au lieu de m'en tenir à cet égard à des observations générales, je veux vous citer comme exemple, comme un des exemples les plus remarquables et les plus dignes d'imitation, celui d'un homme sorti du rang des classes ouvrières, et qui, presque sans autre avantage que l'avantage inappréciable, il est vrai, de bons principes puisés dans sa famille, sans avoir reçu presque d'autre instruction que celle qu'il se donna lui-même, sut s'élever, par le travail et les moyens les plus honorables, au premier rang des hommes les plus distingués et les plus influents de son pays.

J'aurais voulu choisir cet exemple en France même, où nous ne manquons pas non plus d'hommes du premier ordre, qui ont dû leur élévation presque uniquement à leurs propres efforts; mais je n'en connais pas qui présente, au même degré, le double avantage de s'être élevé par lui-même, du point de départ le plus modeste à la plus haute situation, et qui ait pris le soin d'écrire des Mémoires où il indique avec simplicité et une clarté saisissante, quels sont les moyens, pour la plupart à la portée de chacun, auxquels il dut tous ses succès. Cet homme, du reste, a un nom populaire et aimé en France : il y fut si apprécié et si honoré, que, sur la proposition de Mirabeau, l'Assemblée constituante prit le deuil pendant trois jours en apprenant sa mort : je veux parler de Benjamin Franklin.

Je n'entrerai pas ici, sur la vie de Franklin, dans des détails qui seraient peut-être hors de place et qui pourraient fatiguer votre attention : je me bornerai à dire que, fils le plus jeune d'une famille de dix-sept enfants, dont le père ne vivait et ne les faisait vivre que du produit de son travail, il dut, dès son extrême jeunesse, commencer sa carrière comme simple ouvrier, — et la main de cet homme qui, plus tard, comme ministre plénipotentiaire des États-Unis, devait signer avec l'Angleterre le traité qui reconnaissait l'indépendance de son pays, avait été, ainsi qu'il le raconte lui-même, lorsqu'il travaillait avec son père, *occupé* aux plus humbles travaux d'un ouvrier fondeur de chandelles.

Peu après, il devint ouvrier imprimeur, puis imprimeur lui-même. — Soit par son travail, soit par son économie, il sut arriver à la fortune : —, par ses efforts continuels pour s'instruire, il s'éleva jusqu'à être l'un des écrivains et l'un des savants les plus distingués de son pays. — Enfin, par la rectitude de ses principes et l'honorabilité irréprochable de sa carrière, il sut conquérir l'estime et la confiance universelle de ses concitoyens, qui l'appelèrent aux fonctions publiques les plus élevées.

Franklin est ainsi l'un des exemples les plus éclatants des succès divers que peut espérer un homme sorti des rangs les plus modestes de la société, — et il a indiqué dans ses *Mémoires,* quels sont les moyens à la portée de tous, par lesquels il sut arriver à de tels succès. — Sans doute, il n'est permis qu'à bien peu d'hommes d'en obtenir de pareils, car les circonstances ne sont pas aussi propices pour tous; mais, du moins, il est permis d'espérer que tous peuvent, par l'emploi des mêmes moyens, influer sur leur sort de la manière la plus favorable.

Nous croyons donc vous donner un conseil utile, chers élèves, en vous disant : Lisez les *Mémoires* de Franklin; tâchez, dans la mesure de ce qui vous sera possible, d'imiter ce grand exemple de ce que peuvent le travail, la persévérance, la droiture, — et vous en recueillerez d'heureux fruits.—La Société Philomathique, pénétrée de cette pensée, a voulu que des exemplaires de cet ouvrage fussent distribués aujourd'hui à plusieurs d'entre vous : elle fait des vœux pour qu'il en résulte quelque bien!

Qu'il me soit permis, en terminant, d'adresser en votre

nom et au nom de la Société Philomathique, nos vifs remer-
ciements aux hommes les plus haut placés dans l'administration de notre département ou de la ville, qui ont bien voulu
honorer de leur présence cette solennité, et témoigner ainsi
l'intérêt qu'ils portent aux œuvres de notre Société. — Je
remercierai en particulier M. le sénateur chargé de l'administration du département de la Gironde, M. le maire de
Bordeaux, représenté par l'un de ses adjoints, l'honorable
M. Balaresque, et j'exprimerai une fois de plus notre gratitude envers l'État, envers la ville de Bordeaux, envers la
Chambre de Commerce et envers le département, pour le concours qu'ils veulent bien prêter à la Société Philomathique.

Recevez par mon intermédiaire, Messieurs et chers
élèves, les vœux que cette Société forme pour tout ce qui
touche à vos véritables intérêts. — Elle tâche, dans la mesure de ce qui lui est possible, de vous faire quelque bien,
et elle souhaite que, par d'énergiques efforts, vous travail-
liez, comme ce Franklin dont je vous citais l'exemple, à
avancer sans cesse dans la voie du progrès, — car vous
vivez à une époque, dans un siècle où le progrès est une loi
nécessaire pour tous.

Vous vivez aussi sous le règne d'un grand Souverain, du
Souverain que la France s'est donné, et qui a su, en peu
d'années, lui rendre tout l'éclat du rang et de l'influence qui
lui appartiennent légitimement en Europe. — Soyez profondément convaincus que vous n'avez pas de meilleur ami que
lui; qu'il n'est personne qui se soit préoccupé plus que lui
de cette grande et émouvante question de l'amélioration
possible du sort des classes les moins fortunées de la
société, question qui ne peut être résolue que par l'application prudente des moyens pratiques éprouvés par l'expérience ou conseillés par une sagesse consommée. — Déjà,
par la transformation rapide de nos voies de communication

et par la liberté du commerce, sans laquelle la liberté du travail est un vain mot, il a accompli, à l'égard de nos contrées, un grand acte de justice, et il leur a conféré un grand bienfait.

Soyez profondément convaincus que, pour toutes les autres questions d'amélioration matérielle ou morale, qui sont une des préoccupations généreuses de notre époque, il est à la tête des hommes d'intelligence et de cœur qui travaillent à les résoudre d'une manière conforme aux légitimes intérêts de tous. — Soyez sûrs que vous pouvez compter sur ses vives sympathies, car il en a donné de nombreuses preuves, et vous ne serez que justes en y répondant par votre reconnaissance et par votre dévouement.

Ce discours est accueilli par les applaudissements unanimes de l'assemblée.

La parole est ensuite donnée à M. F. Schrader, directeur des classes d'adultes, pour la lecture du Rapport annuel sur les classes :

MONSIEUR LE SÉNATEUR,
MESDAMES ET MESSIEURS,

Durant l'année scolaire 1862-63, qui a embrassé pour nos classes d'adultes, comme toujours, une période de sept mois, depuis le commencement d'octobre jusqu'à la fin d'avril, dix-huit cours ont été en activité. Le programme publié à l'époque de l'ouverture des classes en portait dix-neuf. Il y a donc eu cette année une lacune sur laquelle le Rapport que je suis chargé de présenter aujourd'hui ne saurait garder le silence.

Le cours qui a fait défaut est celui de géographie générale et commerciale, et sa suppression nous rappelle de bien douloureux souvenirs. Il devait être fait par l'excellent et digne président de la Société Philomathique, M. Gout-Desmartres, qui avait voulu, entrant dans les rangs de nos professeurs, donner une nouvelle preuve de l'intarissable dévouement qui distinguait son noble caractère. Mais, hélas! à la veille de l'exécution de ce philanthropique projet, une mort inattendue et prématurée vint répandre le deuil dans Bordeaux, deuil trop vivement ressenti encore aujourd'hui pour qu'il soit besoin d'insister sur des regrets que tous les cœurs partagent.

Les dix-huit cours en activité ont tous fonctionné de la manière la plus régulière. Les professeurs dont les noms viennent de vous être rappelés, et dont la plupart se consacrent déjà depuis nombre d'années à l'enseignement dans nos classes, ont rempli leur tâche avec autant de zèle que de mérite, si bien que nous n'avons qu'un vœu à exprimer à l'égard de tous : c'est que leur précieuse coopération nous soit conservée pour de longues années. De leur côté, les élèves en général ont fait preuve d'assiduité, de persévérance et d'application plus encore que les années précédentes; aussi a-t-il été donné aux commissions chargées par le Comité de suivre les cours et d'en passer l'examen à la fin de l'année scolaire, de constater les résultats les plus satisfaisants. S'il était possible de communiquer ici, dans toute leur étendue, les dix-huit Rapports présentés par ces commissions, ce serait, je puis l'avouer, un compte-rendu aussi intéressant que complet sur les études et les travaux de l'année; mais ne pouvant réclamer votre bienveillante attention que pour quelques moments, je me permettrai, Messieurs, de vous indiquer seulement ce que ces Rapports renferment de plus saillant.

Je dirai tout d'abord et avec un plaisir bien légitime, sans doute, que, d'après l'ensemble des jugements, cette dernière année a été digne de ses devancières. C'est la vingt-quatrième depuis la fondation des classes, et la quinzième dans le local qu'elles occupent, comme vous le savez, à l'ancien Palais de Justice, rue de Gourgues. Grâce à la municipalité de Bordeaux, qui, à cet effet, accorde gratuitement un certain nombre de pièces dans ce bâtiment à la Société Philomathique, celle-ci reçoit ainsi déjà depuis longtemps un appui bien utile et même indispensable pour son œuvre de prédilection. Mais si nous jouissons du bonheur de voir cette œuvre prospérer, et si nous vivons dans le bon espoir qu'elle prolongera sa durée à travers bien des générations, nous nous trouvons, d'un autre côté, sous la préoccupation de voir le local disparaître, puisque les terrains du vieil édifice ont déjà une autre destination.

Cependant, j'ai hâte de l'ajouter, cette préoccupation, qui date d'assez loin d'éjà, a été heureusement amoindrie dans les derniers temps par les généreuses dispositions testamentaires de feu M. Fieffé, qui mettront l'administration municipale en état de continuer son bienveillant concours à la Société, et de le rendre même plus efficace encore, par un local nouveau et mieux approprié que ne l'est le local actuel pour le but que nous poursuivons. Toutefois, nous ne nous montrerons jamais ingrats à l'égard des faveurs obtenues jusqu'ici ; et comment le pourrions-nous, quand notre reconnaissance se trouve sans cesse accompagnée de l'assurance certaine que le concours actif et éclairé des magistrats et du conseil municipal de Bordeaux ne manquera jamais aux institutions consacrées au bien-être des classes populaires ; quand surtout cette assurance nous a été donnée, au sujet de l'institution des classes d'adultes, par votre vénérable maire lui-même, qui se trouve empêché, à notre extrême regret, de prendre part à cette solennité ! Privés ainsi aujourd'hui d'entendre sa parole, toujours si bonne, si

paternelle, qu'il nous soit permis de chercher au moins un
dédommagement, si c'est possible, en rappelant ce qu'il
disait l'année dernière dans cette même enceinte :

« Monsieur le président, disait-il en s'adressant à M. Gout
Desmartres, la Société Philomathique s'est donné la mission
de répandre l'instruction professionnelle parmi les adultes,
de réunir ces jeunes élèves dans des occupations sérieuses
et profitables pendant les heures trop souvent consacrées aux
dissipations dangereuses, et de nourrir leurs cœurs de doctrines salutaires. Nous vivons à une époque où l'*ignorance*
n'est plus considérée comme condition de moralité, mais
bien comme une infériorité de l'homme, et tous ceux qui
s'efforcent d'élever le niveau intellectuel, d'inspirer le sentiment religieux, l'amour du travail et la régularité de la
conduite, ont droit aux encouragements et à la gratitude,
particulièrement de la part de ceux qui sont chargés de la
protection et de la direction des intérêts publics.

» *Je saisis avec empressement cette occasion, Messieurs,*
pour vous dire que l'Administration municipale ne reste pas
indifférente aux services que vous rendez; qu'elle les appré-
cie; qu'elle est heureuse que vous prépariez, par vos enseignements, de bons ouvriers, de bons pères de famille et de
bons citoyens, une nouvelle génération enfin digne des hautes
destinées réservées à notre pays.

» Lorsqu'un de nos généreux compatriotes disposa de sa
fortune en faveur de la ville de Bordeaux, en exprimant le
désir qu'elle fût appliquée à la création d'un établissement
d'instruction spécialement pour les classes industrielles,
j'avais songé à faire participer votre institution aux bienfaits
de cette recommandable libéralité, et je donnai l'assurance
à votre honorable président et aux membres distingués de
votre bureau qui me firent l'honneur de me visiter avec lui,
que mes meilleures dispositions vous étaient acquises.

» J'osai même leur promettre, avec la réserve qui m'était commandée, que mes honorables collègues de l'Administration et du Conseil municipal, qui s'empressent en toute circonstance de favoriser les institutions utiles, ne refuseraient pas leur assentiment à mes intentions personnelles.

» Nous avons consacré, Messieurs, cette pensée dans une délibération qui comprenait l'enseignement libre dans la création du monument d'instruction public à fonder.

» J'ai désespéré quelque temps de pouvoir tenir vis à vis de vous la promesse éventuelle que j'avais faite, une décision restrictive de l'acceptation du legs Fieffé étant proposée par le Conseil d'État.

» Heureusement que le dernier espoir qui m'était permis s'est réalisé ; que, sur la demande du Conseil municipal, la justice souveraine est intervenue dans cette importante affaire ; que sa source, inépuisable toutes les fois qu'il s'agit des intérêts de la classe ouvrière, s'est ouverte, et que l'Empereur, de son initiative personnelle, a réservé à la ville de Bordeaux, dans la succession Fieffé, une part qui permettra, dans une proportion convenable, la réalisation des vœux de notre bienfaiteur.

» J'aime à rendre grâce devant vous, Messieurs, au chef de l'État de ce nouveau bienfait pour notre population industrielle, et à vous promettre encore que l'administration municipale et les édiles de la cité n'oublieront pas l'exemple qui leur est donné de si haut, et qu'ils seraient confirmés, s'il en était besoin, par cette auguste influence, dans leurs intentions dévouées pour votre institution, dont ils désirent autant que vous le développement possible. »

Le procès-verbal de la séance, qui fut publié, ajoute ensuite ceci :

« M. le président remercie M. le maire de la généreuse bienveillance de l'administration municipale, et assure que la

Société Philomathique fera tous ses efforts pour se rendre digne de cette nouvelle marque de faveur, en donnant à ses classes une extension à laquelle s'oppose l'exiguïté du local actuel. »

Reprenant mon Rapport après cette digression qui en forme certainement la meilleure partie, je crois que quelques détails succincts sur l'état présent de nos classes suffiront pour montrer ce qu'elles seraient dans des conditions plus favorables.

Depuis assez longtemps déjà le nombre des adultes inscrits tous les ans sur nos registres demeure stationnaire ; il était de 1,795 l'année dernière, et il est cette année de 1,810. Ce n'est donc plus dans ces chiffres sommaires que nous pouvons trouver du progrès, car ils indiquent le maximum des élèves qu'il nous est possible de recevoir, non pas à la fois, bien s'en faut, mais successivement, les uns faisant place aux autres. Les premiers inscrits sont aussi les premiers admis, comme de juste ; mais déjà bien avant que les classes ne commencent à fonctionner, le nombre des places disponibles dans chacune est dépassé, quelquefois du double et au-delà.

En vue du bon ordre, la remise immédiate des cartes d'admission s'arrête dès que la classe est au complet ; de sorte que les postulants se voient obligés d'attendre que, leur tour venant, les cartes leur soient envoyées à domicile. Maintenant, il est bien naturel que beaucoup d'élèves, sachant d'avance que leur entrée dans telle ou telle classe pourra se faire espérer plusieurs semaines et même plusieurs mois, se rebutent, et que les ouvriers de passage quittent souvent la ville avant de pouvoir participer à un enseignement qu'ils regardaient comme une bonne fortune. Mais que faire tant que nous n'aurons pas de salles plus spacieuses à leur offrir !

Dans la répartition des élèves, dont je viens de signaler le nombre total comme variant à peine, un changement digne de remarque se manifeste depuis quelques années : il consiste en ce que les matières embrassées par l'instruction primaire sont demandées de moins en moins, pendant que les éléments des sciences, les divers genres de dessin, et surtout les études professionelles, sont recherchés davantage. Ce fait montre évidemment que le niveau de l'instruction de nos classes ouvrières s'élève, et que, grâce à l'existence des écoles dans toutes les communes de la France, il viendra un temps, plus proche peut-être qu'on ne le pense, où l'ignorance complète de la lecture et de l'écriture sera une rare exception.

Je voudrais autant que possible vous épargner, Messieurs, les suites de chiffres dans ce Rapport, et pourtant je ne puis résister à la satisfaction de dire que 295 élèves seulement sont venus cette année pour apprendre à lire, et 574 pour apprendre à écrire, et que plus des trois-quarts possédaient déjà des notions élémentaires ; tandis que jadis, c'est à dire il y a quinze ou vingt ans, nos classes de lecture et d'écriture comptaient de deux à trois fois plus d'élèves, dont la plupart ne connaissaient pas seulement l'alphabet.

Les classes de grammaire et d'arithmétique, tant élémentaires que supérieures, ainsi que celle de comptabilité commerciale, donneraient également matière pour des remarques d'un certain intérêt, si je ne craignais de trop allonger ce travail. Je laisserai même de côté nos deux cours de géométrie et ceux d'algèbre, de mécanique, de physique et de chimie, malgré qu'il m'en coûte de ne pas m'arrêter quelque peu sur les moyens par lesquels les professeurs parviennent, dans une sphère très modeste, à mettre ces sciences à la portée d'auditoires qui n'ont pas, dans la plupart des cas, les moindres notions préalables, et à inspirer, même dans de semblables conditions, une ardeur d'étude souvent surprenante. Mais il ne saurait m'être permis de passer aussi rapidement sur nos classes de dessin et sur nos ateliers de coupe des bois et des pierres, puisque c'est là surtout que l'influence toujours croissante des élèves compense la diminution signalée tout à l'heure pour la lecture et l'écriture, et que, par conséquent, ces cours gagnent tous les ans en importance.

Lorsque le dessin fut introduit dans nos classes en 1846, septième année de leur existence, un seul cours, embrassant à la fois les divers genres utiles aux ouvriers, suffisait amplement; mais, dix ans plus tard, il fallut former deux cours distincts, l'un pour l'ornement, l'autre pour les machines et l'architecture; et aujourd'hui un nouveau dédoublement devient urgent, non-seulement pour séparer ces deux derniers genres, mais pour donner aussi plus de développement à l'ornement par le dessin du relief qui demande une installation toute spéciale. Nous avons consacré à nos cours de dessin l'une des plus grandes salles, où 90 élèves peuvent travailler suffisamment à l'aise; mais qu'est-ce que 90 places lorsqu'il en faudrait de 200 à 250, car c'est là en moyenne le nombre des élèves qui se sont présentés dans ces derniers temps pour chacun des deux cours; et, sur ce nombre, il y a eu cette année tant de travailleurs persévérants qu'il a fallu attendre les départs qu'amène la saison d'hiver dans plusieurs corps d'état, pour arriver, en comblant peu à peu les vides, à donner en janvier et en février des cartes qui étaient en casier depuis le mois d'octobre. Cependant, malgré notre plus grand désir de donner satisfaction à tous les besoins, nous ne voyons pas la possibilité d'organiser pour le moment quatre classes de dessin, et tout au plus arriverons-nous peut-être à dédoubler celle de machines et d'architecture, qui, du reste, est aussi la plus suivie.

Notre embarras devient plus grand encore, nous l'avouons

avec franchise, devant nos classes-ateliers. Dans les locaux qui leur sont affectés, quarante tailleurs de pierre, cinquante charpentiers et soixante menuisiers environ peuvent trouver place tant qu'ils ne font que tracer leurs épures ; mais dès que les matériaux et les outils entrent en jeu, la gêne devient quelquefois trop grande. Pourtant, si nous admettions moins d'élèves, il faudrait faire attendre les autres d'autant plus, et c'est assurément bien assez déjà de ne voir arriver le tour d'admission des derniers inscrits pour la menuiserie, par exemple, qu'au mois de mars, quelques semaines avant la clôture du cours, et cela lorsque les destinataires des cartes ne sont plus à Bordeaux, ou quand ils ont déjà repris des travaux qui ne leur laisseront plus les loisirs des mois d'hiver. L'an dernier nous avions, pour la coupe des bois de menuiserie, 179 inscriptions, et cette année nous en avons eu 190 ; si nous en défalquons les élèves qui partent ou ceux qui se découragent, c'est tout au moins 120 places qu'il faudrait pouvoir donner, au lieu de 60 ; et il en est de même, en proportion, pour les charpentiers et les tailleurs de pierre.

Mais je craindrais de fatiguer votre attention, Messieurs, en multipliant davantage les renseignements contenus dans les Rapports qui me servent de base pour celui-ci. Je ne demanderai donc, en terminant, qu'à adresser quelques mots aux élèves qui sont venus recevoir ici des récompenses et des encouragements.

C'est surtout à votre égard, chers élèves, que les comptes-rendus des commissions qui ont eu à prononcer sur le mérite de chacun de vous, renferment des preuves de sollicitude. En résumé, l'on y voit que l'année a été bonne, et que les progrès de bon nombre d'entre vous se sont montrés réellement remarquables. Je ne puis, vous le comprenez bien, citer en ce moment le nom d'aucun de vous, et d'ailleurs les noms de ceux qui se sont distingués le plus vont être proclamés dans quelques instants; je dirai seulement que la liste des lauréats, quoique dépassant toutes celles des années précédentes, aurait été plus longue encore, s'il ne fallait absolument se renfermer dans de certaines limites. Et ce que je dis là n'étonnera pas, j'en suis sûr, ceux d'entre vous, par exemple, qui ont suivi le cours de comptabilité commerciale, où la commission, après avoir écouté le soir des examens, pendant plus d'une heure, les réponses·promptes, claires et justes de tout les élèves aux nombreuses questions du professeur, touchant tantôt à la théorie, tantôt à la pratique, se vit obligée d'arrêter un interrogatoire qui semblait devoir procurer le premier prix *ex-æquo* à tout le monde. Ce n'est que l'inspection attentive des livres et des écritures qui a pu faire pencher la balance en faveur de ceux qui avaient apporté à leur travail le plus de soin et d'intelligence; mais là encore le choix n'a pas été facile.

Il a été de même très difficile de classer les dessins présentés au concours, dont le nombre a été beaucoup plus grand qu'autrefois, avec une réussite très satisfaisante dans l'ensemble. C'est que, de même que dans les autres cours, il a régné au dessin une émulation dont j'aime d'autant plus à vous donner le témoignage, chers élèves, qu'elle provenait assurément en grande partie de ce que plusieurs parmi vous, voulant cette année encore mieux faire que l'année précédente, ont été pour leurs camarades d'un exemple digne d'éloges sous tous les rapports. C'est bien ainsi, en persévérant malgré la non-réussite des premiers temps, en recevant plus tard avec joie un simple accessit, en méritant un jour le prix d'honneur, et en obtenant enfin, comme c'est aujourd'hui le cas, jusqu'au troisième rappel du prix d'honneur, que l'élève se distingue parmi ses camarades et les entraine à l'imiter; et c'est de même, en ne se décourageant jamais, en gagnant avec bonheur son premier faible salaire, en se montrant digne d'en obtenir un plus grand, et un plus grand encore, et en sachant se maintenir à la position honorable où ses efforts l'ont fait arriver, que le bon ouvrier fait son chemin dans le monde et forme de bons ouvriers à son tour. Or, puisque vous avez su vous faire distinguer comme élèves, vous saurez aussi faire votre chemin. Courage donc, mes amis! notre année a été bonne, et si vous le voulez, la prochaine sera encore meilleure.

Ce Rapport est écouté avec un vif intérêt.

Il est ensuite procédé à la lecture du programme et à la distribution des prix et récompenses.

Des applaudissements nombreux ont témoigné aux lauréats la sympathie des assistants.

La Société de musique dirigée par M. Bernard a fait entendre à plusieurs reprises des morceaux variés.

Des deux côtés des grands escaliers, les travaux des élèves, dessins, lavis, petits objets d'art, étaient exposés, et ont attiré l'examen du public et excité sa curiosité.

La séance est levée à 3 heures.

BANQUET OFFERT A M. FRÉDÉRIC PASSY.

—

14 avril 1863.

—

Les amis et auditeurs de M. Frédéric Passy se trouvaient réunis dans les salons des frères Arnaud, à Caudéran, pour fêter, dans un banquet d'adieu, l'éminent professeur d'économie politique, qui, pendant ces deux dernières années, a captivé, sous le charme d'une parole toujours élevée, l'auditoire nombreux qui se pressait pour l'entendre dans la salle de l'Académie. Ce banquet était tout à la fois un hommage rendu à la science économique, qui a toujours compté de valeureux champions dans notre Gironde, et un acte de reconnaissance bien légitime à l'égard de M. Passy, qui joint au dévouement pour le bien public, le talent qui le féconde et cette honorabilité de caractère qui lui a attiré dans notre ville des sympathies si vives et si méritées.

Le banquet auquel avaient voulu s'associer un grand nombre de membres de la Société Philomathique, et les personnes les plus honorables de notre cité, était présidé par M. Armand Lalande, adjoint au maire de Bordeaux et président de la Société Philomathique.

Parmi les toasts qui ont été portés, nous reproduisons les deux discours si remarquables de M. A. Lalande et de M. F. Passy, qui ont plus particulièrement rapport aux principes de la science économique et aux avantages qui résultent de cet enseignement.

Voici le discours de M. A. Lalande :

MONSIEUR,

Au moment où vous allez quitter Bordeaux, quelques-uns des nombreux auditeurs qui ont suivi vos cours avec un si vif intérêt, et, permettez-moi d'ajouter, qui éprouvent pour vous de vives sympathies, ont désiré se réunir à vous pendant quelques instants, pour vous faire leurs adieux et vous exprimer combien ils sentent tout ce qu'a eu de remarquable et d'élevé, de bienfaisant, le cours si important que votre amour de la science et du bien vous a décidé à faire dans notre cité. C'est en leur nom, et en tâchant de me. rendre l'interprète de leurs sentiments à votre égard; c'est aussi comme président de la Société Philomathique, aux vœux de laquelle vous aviez cédé en venant à Bordeaux, que j'ai l'honneur de vous adresser ces quelques paroles.

Le souvenir de l'enseignement précieux qu'un auditoire d'élite est venu, pendant deux années, rechercher auprès de vous, ne s'effacera point. On se souviendra longtemps à Bordeaux de ces leçons pleines d'intérêt, par lesquelles vous avez cherché à donner des idées aussi exactes et aussi complètes que possible des vérités qu'enseigne l'économie politique. On se souviendra, notamment, de cette dernière séance où vous avez fait le résumé si saisissant et si brillant des doctrines que vous aviez exposées. — Or, dans ces contrées de la Gironde, si fécondes en vives intelligences et en cœurs généreux, votre parole aura été, il faut l'espérer, comme une semence excellente, tombée dans une terre fertile, qui produira plus tard les meilleurs fruits.

Et, en effet, quelle science plus attachante pour des hommes de sens et de cœur, quelle science plus utile, que l'économie politique bien comprise, puisqu'elle a pour objet d'apprendre à connaître quels sont les meilleurs moyens d'assurer aux hommes la plus grande somme possible de ces deux choses si étroitement liées l'une à l'autre : leur bien-être matériel et leur élévation morale, ou, en d'autres termes, leur bonheur! Science qui démontre aussi cette vérité consolante, et si féconde dans ses conséquences, que les intérêts des hommes, que les intérêts des peuples, loin d'être opposés les uns aux autres, sont harmoniques, et que la prospérité de tous est la meilleure base de la prospérité de chacun! — Si je me laisse aller à parler ainsi de la haute importance de l'économie politique, c'est que je n'exprime point une opinion qui me soit seulement personnelle, je ne fais que rappeler celle qui est tous les jours confirmée par des hommes éminents, et qui recevait, il y a quelques jours encore, une adhésion éclatante de la part du premier ministre de l'Angleterre, lorsque, s'adressant aux élèves de l'université de Glascow, il rappela que c'est dans cette ville que l'illustre Adam Smith professa d'abord l'économie politique, et exposa ces principes, chercha à inculquer ces doctrines qui « ont graduellement pris un tel empire (je cite les paroles » même du ministre), qu'elles en sont arrivées à guider en » Angleterre le cours des événements. »

Je crois, donc, en m'appuyant sur une telle autorité, pou-voir répéter que l'économie politique bien entendue est ap-pelée à exercer de jour en jour davantage une influence prépondérante dans la direction des affaires publiques. Et ici, Monsieur, se présente naturellement à notre esprit une pensée que je demande la permission d'exprimer. Le nom honorable que vous portez a été associé aux fonctions les plus hautes du gouvernement de notre pays ; nous aimons à espérer et à croire que l'avenir vous y conduira aussi, car les études favorites auxquelles vous vous consacrez sont peut-être la meilleure préparation à ces fonctions élevées. Mais quel que soit l'avenir qui vous soit réservé, veuillez croire, Monsieur, que nous conserverons toujours un souvenir reconnaissant de vos nobles efforts pour faire le bien parmi nous, et que dans la carrière ouverte à votre mérite, nous vous accompa-gnerons toujours de nos vœux les meilleurs, les plus affec-tueux, et de nos sympathies les plus vives.

.M. F. Passy s'est exprimé en ces termes :

MESSIEURS,

J'aurais voulu, pour répondre moins imparfaitement aux paroles que vous venez si justement d'applaudir, pouvoir coordonner quelques instants mes idées. Mais c'est en vain que je cherche à me recueillir; l'émotion qui me trouble ne fait que s'accroître par les efforts que je tente pour la surmonter; et il vaut mieux, je le sens, que, sans vous retarder davantage, je m'abandonne tout simplement aux impressions si vives qui se pressent dans mon cœur. Aussi bien, en ce moment à la fois doux et pénible, en cette soirée vraiment dernière, en cette réunion de famille où vous avez voulu, justifiant une fois de plus ce titre d'*amis* que vous m'avez permis de vous donner, m'adresser encore une fois vos adieux et recevoir les miens....., que puis-je faire de mieux que d'épancher librement mon cœur devant vous!

Mais comment le faire sans redire ce que je vous ai dit déjà, et quels sentiments vous exprimer dont vous n'ayez cent fois recueilli l'expression de ma bouche? Ah! lorsqu'il y a un an, à pareille époque, répondant à l'excellent président dont la place reste vide au milieu de nous ce soir, j'essayais de vous dire de quelle gratitude m'avaient pénétré vos généreuses et ardentes sympathies, je ne réservais rien de moi-même, et je ne gardais point pour une autre occasion des expressions plus fortes et une émotion plus entière. Il y a des jours qui sont uniques dans une existence, et tel était (je le croyais du moins) ce jour du 10 avril, marqué pour moi, par votre munificence et par votre cordialité, de caractères si éclatants et si ineffaçables. Vous avez voulu qu'il ne le fût pas; et je me retrouve, après une autre série de travaux poursuivis devant vous pendant un second hiver, assis encore au milieu de vous à votre table, comblé de nouveau des marques magnifiques de votre souvenir, entouré de nouveau des témoignages touchants de votre affection et de votre estime, et entendant de nouveau retentir autour de moi, avec l'éloge exagéré de ma trop faible et trop insuffisante parole, le légitime éloge de la science qui a formé nos premiers liens et dont le culte ne doit pas cesser de nous unir. Puisque vous savez si noblement et si gracieusement vous répéter, vous permettrez que je me répète aussi; et vous souffrirez que je reproduise, en y mettant de nouveau mon âme tout entière, les remercîments et les assurances que je vous adressais l'an dernier.

Oui, Messieurs, oui, je ne me lasserai pas de le dire : s'il est vrai (comme a bien voulu le déclarer en votre nom notre honorable président) que vous me deviez quelque chose, de mon côté je vous dois beaucoup. C'est l'orateur, dites-vous, qui fait l'auditeur : ah! c'est bien davantage encore l'auditeur qui fait l'orateur, et la même voix n'a pas partout les mêmes accents. De même qu'il y a des salles avantageuses et des salles ingrates, il y a, croyez-le bien, des foules sourdes et des foules sonores, des oreilles fermées et des oreilles ouvertes, des intelligences rebelles et des intelligences favorables; il y a des auditoires qui grandissent, et il y a des auditoires qui diminuent. Avec les uns, la pensée, comme la parole qui l'exprime, cherche en vain à s'élever et à s'étendre ; une invincible résistance la comprime et la refoule sur elle-même : à la fatigue de l'effort vient s'ajoûter le sentiment douloureux de l'impuissance; les plus énergiques, après avoir lutté quelque temps, sentent peu à peu se détendre et s'affaisser leurs forces, et ils cèdent à la fin, eux comme les autres, au découragement et à la torpeur, à cette torpeur sombre qu'engendrait fatalement naguère, jusque dans l'âme intrépide des plus vieux marins, ces calmes plus terribles que les plus terribles tempêtes, ces calmes vraiment implacables pendant lesquels la voile n'était plus qu'une dérision, et la rame elle-même, « la rame inutile, » comme l'a si bien exprimé notre grand poëte,

Fatiguait vainement une mer immobile.

Avec les autres, au contraire, parole et pensée, tout vibre et résonne en frappant le but; tout, comme un écho non seulement fidèle, mais agrandi, revient à sa source pour y entretenir et y accroître l'action en y adoucissant l'effort : un instinct secret, en l'absence même de toute marque sensible, avertit l'orateur qu'il est compris et soutenu; un courant irrésistible pénètre, presque à son insu, son âme transformée; et lorsque, rentré dans sa demeure et seul avec lui-même, il cherche à se rendre compte de ce qu'il a dit et compare aux résultats obtenus les moyens dont il disposait pour les obtenir, il est bien forcé de s'avouer, avec une humilité reconnaissante, que ce n'est pas lui seul qui fait tout ce qu'il semble faire; et volontiers il s'écrierait, à l'exemple de l'apôtre vivifié par la présence du Dieu de force et de vérité : « Je parle : non, ce n'est pas moi qui parle; c'est la grande voix d'une assemblée intelligente et émue qui parle en moi. »

Vous avez été pour moi, Messieurs, dès le premier jour et jusqu'au dernier, ce milieu favorable et sonore, cette voix inspiratrice et secourable; et voilà pourquoi j'ai pu accomplir ce que vous me louez d'avoir accompli parmi vous. Voilà pourquoi cette tâche difficile et rude à coup sûr, et bien faite pour effrayer les plus forts; cette tâche que j'abordais, il y dix-huit mois, dans des conditions si insuffisantes et en apparence si téméraires, avec une préparation hâtive et incomplète, avec un organe fatigué et altéré encore; — non seulement j'ai pu la remplir jusqu'au bout sans fléchir, mais j'ai senti grandir en la remplissant, et de semaine en semaine, et ma confiance et mes forces elles-mêmes. Vous vous en êtes étonnés souvent, Messieurs; vous aviez tort, car c'est vous qui faisiez ce miracle. Combien de fois, après être resté longtemps courbé sur mes livres ou absorbé dans des méditations tour à tour émouvantes et arides, épuisé par un labeur excessif et pourtant incomplet, dévoré par cette fièvre de l'esprit qui use plus que les plus violents efforts du corps, écrasé surtout par l'immensité et la difficulté des sujets et par l'impossibilité trop manifeste de dire tout ce que j'aurais voulu et dû dire, je suis sorti de chez moi sans parole et sans pensée, hors d'état, à ce que je croyais, de lier deux idées et d'émettre deux sons! J'arrivais, j'entrais dans cette salle toujours hospitalière, je contemplais cette foule pressée et attentive, si visiblement disposée à m'encourager et à me soutenir, et une vie nouvelle semblait renaître en moi. Le nuage épais qui couvrait mon cerveau, la constriction douloureuse qui serrait ma gorge, se dissipaient à la fois : la pensée, la parole, l'élan, me revenaient peu à peu; et bientôt vos applaudissements venaient me prouver que je n'avais pas en vain compté sur votre présence et que prodiguer ses forces est souvent le meilleur moyen de les doubler.

Aussi, quand est venu enfin ce terme d'abord si avidement contemplé de loin, ce temps du repos et du silence après lequel la fatigue m'avait plus d'une fois fait soupirer, n'ai-je pu le voir arriver sans émotion. Je me suis senti — j'osais vous le dire l'autre soir, et vous l'auriez bien vu sans que je le disse — moins soulagé par la pensée de déposer enfin mon fardeau, que troublé par la pensée de rompre des relations si douces et de ne plus revoir ces visages accoutumés. Et en ce moment même, Messieurs, en ce moment où, par une grâce suprême, vous avez voulu me rendre pour quelques instants les meilleurs et les plus affectueux de ces visages amis; en ce moment où, en m'adressant à vous, je m'adresse pour la dernière fois au fidèle et sympathique auditoire que vous représentez si bien, ce n'est pas sans amertume, vous l'avouerai-je, que j'épuise cette douceur de vous parler encore, à laquelle m'a convié le bienveillant appel de notre président, et je sens bien qu'il va m'en coûter, tout à l'heure, de me rasseoir pour ne plus me lever.

Et vous, Monsieur le Président, qui représentez si bien la Société Philomathique, et qui, en vous faisant l'éloquent organe des sentiments de la foule d'élite que cette Société distinguée a eu la bonne pensée de convier autour de ma chaire, avez su mêler si gracieusement à l'expression de la bienveillance universelle l'expression de votre approbation personnelle, pourrais-je ne pas vous remercier tout spécialement des encouragements précieux que j'ai constamment reçus de vous ! Pourrais-je, surtout, taire en ce jour ma reconnaissance pour le témoignage intelligent et ferme que, pour la seconde fois en quelques semaines, vous venez de rendre, en termes si excellents et si heureux à la science à laquelle sont voués mes travaux ! Certes, elle vous est familière depuis longtemps, cette science dont tout à l'heure encore vous énumériez si bien les caractères et signaliez si justement les services ; et personne, en vous en entendant parler comme vous le faites, ne sera tenté de penser que c'est de moi que vous avez appris à l'honorer.

Vos paroles n'en ont que plus d'autorité et de valeur, et elles n'en sont que plus propres à faire comprendre l'importance de l'œuvre qui nous a unis et à en faire pressentir les résultats ; résultats vraiment immenses, et que vous n'avez pas assurément exagérés. Oui, quand, avec une intelligence si sûre des doctrines et une si exacte connaissance des faits, vous constatiez la part considérable qui désormais est acquise à l'économie politique dans l'histoire et dans la législation d'un pays voisin, vous ne rendiez pas simplement justice à un grand peuple qui a su accroître sa prospérité en se corrigeant de ses erreurs : vous nous montriez, j'en ai la confiance, les perspectives de notre propre avenir, et vous nous découvriez les étapes déjà prochaines de la route où, à notre tour, nous avons commencé à marcher. Vous ne faisiez, en tout cas, que résumer en un langage plein de précision, de mesure et de force, les vraies tendances de la science et les vœux unanimes de ceux qui la cultivent. Vous l'avez dit, et vous avez eu raison de le dire, la justice et la paix sont inscrites avec la richesse, et avant elle, sur le drapeau des économistes; c'est pour elles qu'ils combattent surtout, et ce sont elles qu'ils feront triompher, s'il plaît à Dieu.

Assez et trop longtemps de vaines barrières et d'injustes inimitiés ont séparé les hommes et opposé les nations les unes aux autres. Assez et trop longtemps de prétendus antagonismes d'intérêts ont transformé le monde en un champ de bataille, et fait de la richesse, de la dignité et du bien-être, ou une proie sanglante ou une exception odieuse. Le jour de la concorde et de l'union doit luire enfin, et c'est à la science à le faire luire.

C'est à elle à montrer, dans le respect du droit, dans l'accomplissement du devoir, dans l'accord naturel de l'intérêt véritable avec le droit et avec le devoir, la voie ouverte à tous, la voie infaillible et sûre, mais la voie unique, du bonheur réel et de la grandeur durable, pour les sociétés comme pour leurs membres.

C'est à elle à découvrir, dans la solidarité spontanée des biens, dans la contagion inévitable des maux, la chaine sans fin, la chaine universelle et indestructible qui relie le sort de chacun aux efforts de tous, et rattache à la condition de chacun la destinée de tous.

C'est à elle, en prêtant aux préceptes les plus élevés et les plus purs de la morale, aux aspirations les plus saintes de la religion, l'appui vulgaire sans doute, mais énergique et sûr des châtiments temporels et des récompenses terrestres, à faire prévaloir de plus en plus, sur les funestes écarts de la jalousie et de la haine, les inspirations meilleures de la fraternité et de l'amour, et à ensevelir peu à peu, à ensevelir sans retour, sous la réprobation croissante de l'intelligence comme sous celle du cœur, les honteux et tristes axiomes du vieux machiavélisme, et les procédés ineptes autant qu'iniques de la pondération artificielle des forces et des ressources.

C'est à elle, enfin, et pour tout dire d'un mot, à assurer à la fois le triomphe de la véritable égalité et le respect de l'inégalité légitime, et à concilier à jamais, dans une indestructible harmonie, ces deux aspirations éternelles et en apparence contradictoires de la nature humaine. Il y a, Messieurs, des gens que toute inégalité révolte; et il y a des gens que toute égalité scandalise. Ils ont tort les uns et les autres, et les uns autant que les autres; car il y a une inégalité inévitable et il y a une égalité inattaquable. Il faut des degrés dans toute société, comme il faut des élévations et des abaissements dans la nature; parce qu'il y a dans toute société des œuvres diverses, des aptitudes diverses et des mérites divers : et c'est en vain que, sous prétexte de progrès, l'on voudrait tout ramener à une uniformité banale qui ne serait qu'une médiocrité universelle et stérile. C'est d'échelon en échelon que le progrès monte parmi les hommes, et c'est par l'ascension graduelle des individus que l'ensemble s'élève. Mais ces degrés, qui sont la condition même du mérite et du mouvement, il faut qu'ils soient mobiles pour que le progrès se fasse; et il faut qu'ils soient mobiles aussi pour que la justice soit sauve. Il faut que l'échelon d'en bas, quand il mérite de monter, puisse s'élever sans en être empêché par une résistance immuable, et s'élever parfois jusqu'au plus haut sommet de l'échelle. Il faut que l'échelon d'en haut à son tour, quand il n'est pas digne de rester en haut, puisse descendre sans être maintenu arbitrairement à sa place première, et descendre jusqu'au rang le plus infime, au besoin.

Il le faut, parce que c'est la loi suprême, la loi universelle, la loi de la matière et la loi de l'esprit.

Dans le monde matériel, cette loi s'appelle *la gravitation,* et c'est par elle que le mouvement se perpétue et que l'équilibre se maintient. Dans le monde moral, elle s'appelle la *concurrence,* ou, si vous l'aimez mieux, la RESPONSABILITÉ; et c'est par elle que la liberté s'exerce, que le progrès s'accomplit et que l'ordre se réalise. Ainsi, l'inégalité apparente n'est que la manifestation et la consécration même de l'égalité réelle; et la parité des droits implique la disparité des faits. Ainsi, comme le disait admirablement naguère encore, dans un travail que j'ai eu plus d'une fois l'occasion de vous citer (¹), un économiste de premier ordre, M. Michel Chevalier, la cause de la liberté industrielle et commerciale se relie à la cause de la liberté civile et politique, le progrès matériel au progrès moral; toutes les vérités se tiennent, et c'est les servir toutes que d'en servir sincèrement et efficacement une.

Vous avez eu, Messieurs, cette bonne fortune et ce mérite, ou, si vous voulez que je le dise, nous les avons eus ensemble. Pendant deux hivers nous avons proclamé, démontré, développé au milieu d'une grande cité et avec son assentiment unanime, ces grands principes que je viens de résumer et que vous venez d'applaudir une dernière fois. Croyez-vous que ce soit peu de chose que le fait même d'un tel enseignement et d'un tel concours, et ne puis-je pas bien dire, sans craindre que vous ne vous mépreniez sur le sens de mes paroles et sur le fond de ma pensée, que c'est là un véritable *événement,* un événement considérable? Messieurs, je crois que rien ne se perd en ce monde; et je crois que la Provi-

---

(¹) Introduction aux Rapports du jury de l'Exposition universelle.

dence, devant laquelle tout est précieux, sait faire concourir souvent aux plus grands résultats les plus faibles et les plus imparfaits instruments. Certes, quand j'ai commencé, il n'y a pas longtemps, sur l'appel de quelques hommes de cœur désireux de seconder un grand mouvement, à parcourir cette carrière de l'enseignement économique à laquelle je me sentais si peu préparé, je ne pouvais prétendre à autre chose qu'à ajouter une voix de plus à, des voix plus puissantes et plus connues, et à faire modestement, dans mon coin, acte de bonne volonté et de foi.

Et pourtant, en descendant de cette première chaire de Montpellier, vers laquelle doivent se reporter aujourd'hui mes souvenirs et les vôtres, j'osais, Messieurs, j'osais dire sans détour à ceux qui me l'avaient ouverte, qu'ils avaient fait une grande œuvre, et que l'exemple donné par eux porterait des fruits qu'ils n'avaient pas espérés eux-mêmes. « Vous connaissez, leur disais-je presque textuellement, » cette graine sans valeur dont parle l'Évangile, cette graine » obscure, imperceptible, foulée dédaigneusement aux pieds » du passant, et de laquelle sortent avec le temps le germe » tendre, l'arbuste fragile, l'arbre immense et robuste sous » lequel viennent s'abriter les oiseaux du ciel et les bêtes » de la terre. Eh bien! c'est cette graine que vous avez » semée; c'est ici l'une de ces germinations d'abord obscures, » mais destinées à devenir puissantes, l'un de ces humbles » commencements de grandes choses. En faisant surgir au » milieu de vous cette première chaire, en faisant à la dis- » cussion et à la science ce premier et public appel, vous » avez, que vous l'ayez su ou non, fondé en France, *fondé* » *pour toute la France,* l'enseignement économique; et vous » avez, par une impulsion qui ne s'arrêtera plus, commencé » à mettre décidément à l'ordre du jour le goût de ces deux » choses, par lesquelles seules les sociétés malades peuvent

» se relever, par lesquelles seules les sociétés prospères
» peuvent durer et grandir : LA JUSTICE ET LA LUMIÈRE![1] »

Voilà ce que je disais, Messieurs, et voilà ce que l'avenir, l'avenir le plus prochain, allait plus que confirmer. Car c'est la connaissance de ce qui s'était fait à Montpellier qui a suggéré à quelques-uns d'entre vous la pensée de tenter à Bordeaux la même œuvre. C'est la bienveillance de mes premiers auditeurs qui m'a préparé celle des seconds ; et c'est la persévérante initiative des habitants de l'Hérault qui a réveillé dans la Gironde, pour une cause qu'elle avait brillamment soutenue jadis, d'anciennes, mais peut-être un peu trop latentes sympathies. Aujourd'hui, et en descendant de cette seconde chaire, que pourrais-je donc dire encore, sinon que cette cause est désormais gagnée ! Il lui fallait une victoire décisive et éclatante ; cette victoire, vous la lui avez donnée. Il fallait à l'enseignement économique un grand théâtre pour faire ses preuves à la face de tous, et réduire à néant les accusations intéressées et les résistances aveugles ; ce théâtre, vous le lui avez fourni. L'expérience est faite, elle est sans réplique, et c'est vainement qu'on chercherait à en amoindrir la portée. Quand une ville comme Bordeaux a, pendant deux années, acclamé si résolûment l'enseignement de l'économie politique, il n'est plus possible que l'économie politique demeure, je ne dirai pas honnie et proscrite (une main puissante y a mis bon ordre), mais ignorée et silencieuse. Elle aura ses chaires, elle les aura bientôt, j'en suis convaincu, et vous aurez le droit de vous en enorgueillir.

Mais pour que cet orgueil soit légitime, Messieurs, continuez à le justifier, en continuant à bien mériter de la

<hr>

[1] Voir *Leçons d'Économie politique faites à Montpellier,* 2e édition ; t. II, page dernière.

science. Continuez à encourager parmi vous l'enseignement et l'étude de ses principes; et si votre zèle se transforme, qu'il ne s'affaiblisse pas. Que l'on ne puisse pas dire un jour de vous, à votre confusion, que vous avez su allumer le feu sacré et le transmettre aux autres, mais que vous n'avez pas su le conserver parmi vous. Que votre exemple soit suivi ou qu'il ne le soit pas; que demain d'autres chaires se fondent, ou que la France attende quelque temps encore le jour où elle cessera d'être « le pays du monde où l'économie politique est le moins enseignée, » il n'importe : agissez, agissez par devoir, et agissez par honneur. Vous m'avez payé au delà de mes mérites, et votre sympathie, toujours si chaleureuse, a voulu se traduire en splendides symboles qui en perpétueront à jamais le souvenir dans ma demeure. Qu'elle se traduise aussi, qu'elle se traduise surtout en actes; qu'elle vive et qu'elle fructifie dans vos âmes; et qu'en contemplant ces belles statues, gages de votre affection et de votre estime, je puisse toujours me dire que vous ne cessez de m'en donner d'autres gages, non moins durables et plus vivants que l'airain.

Quant à l'allusion si délicate et si honorable que M. le Président a faite, en terminant, à la carrière de quelques membres de ma famille, et aux présages flatteurs qu'il a voulu en tirer pour l'avenir de la mienne, je sais qu'il n'a fait qu'exprimer ce qui est dans le cœur de la plupart d'entre vous, et je serais ingrat si je ne vous en remerciais profondément. Mais je serais aveugle si je ne savais faire la différence des temps et celle des hommes. Les exemples de ma famille sont une des meilleures parts de mon patrimoine, et il me sera toujours doux de les entendre rappeler, parce que je ne les oublierai jamais. N'est-ce pas à eux que j'ai dû, avec le goût de l'étude et l'amour de la justice, ces habitudes de loyauté intellectuelle, d'impartialité scrupuleuse et de modération constante qui m'ont valu, je le crois, plus que tout le reste, la confiance et la bienveillance dont je n'ai cessé d'être entouré, et grâce auxquelles j'ai pu toujours, si je ne m'abuse, partout et en tout, dire toute la vérité à tout le monde, sans avoir jamais le malheur de blesser personne? N'est-ce pas la bonne renommée dont ils ont entouré mon nom qui, en me devançant pour prévenir en ma faveur les plus difficiles, m'a rendu possible cette attitude toujours équitable et droite? N'est-ce pas enfin l'approbation de mon père et de mes oncles qui demeure aujourd'hui encore ma plus douce récompense? Et quels suffrages pourraient suppléer aux leurs? Me dire que je n'ai point cessé d'être digne d'eux, c'est me donner la louange la plus précieuse à mon cœur. Mais tous n'ont pas les mêmes facultés et les mêmes forces, et il y a plusieurs voies pour servir la vérité et son pays. La mienne, je le crois, n'est pas celle dans laquelle ont marché mes devanciers, mais celle dans laquelle leurs mains se sont plu jusqu'à ce jour à guider mes pas.

J'ignore ce que l'avenir me réserve, et si quelque autre année je pourrai reprendre encore, loin de ma famille et de mon foyer, le harnais du professorat économique. Mais en le faisant, si je puis le faire, je demeurerai à ma place, j'aime à le penser; je prendrai (bien plus qu'en me laissant entraîner dans le tourbillon de la politique militante) conseil de mes préférences légitimes et de mes aptitudes véritables; je resterai enfin, autant qu'il dépendra de moi, fidèle à moi-même et à une carrière que tant de considérations doivent me rendre sacrée. Eh! que pourrais-je donc mettre au dessus d'une œuvre qui a déjà été si féconde! et des soirées comme celle-ci, Messieurs, ne sont-elles pas bien faites pour satisfaire, et au delà, ce qui doit être toute l'ambition légitime d'un honnête homme, le désir d'être utile et le désir d'être estimé!

Je m'arrête, Messieurs, sur ces dernières paroles, je m'arrête parce qu'il le faut, et bientôt je vais vous quitter ; mais ma pensée restera parmi vous. Ma bouche doit se taire à la fin, mais mon cœur ne se taira pas.

Ouvrages reçus en échange du *Bulletin*, ou offerts en hommage à la Société Philomathique.

Bulletin de l'Union des Arts de Marseille, 1er vol., livraison du 15 juillet.

Journal d'Agriculture de la Côte-d'Or, n° 4, avril 1863.

Annales de la Société d'Agriculture, Commerce et Arts du département des Landes, année 1863.

Bulletin de la Société académique de Poitiers, mars, avril et mai 1863.

Compte-Rendu de l'Académie des Sciences, Arts et Belles-Lettres de Bordeaux.

Bulletin de l'Union des Arts de Marseille, 15 avril, 1er et 15 mai 1863.

La Ruche Spirite Bordelaise, revue de l'enseignement des esprits, 1er numéro, 1er juin 1863.

Programme de la Société d'Horticulture, exposition de septembre 1863.

Revue Agricole et Industrielle, Littéraire et Artistique de Valenciennes.

Bulletin de la Société Industrielle d'Angers, XXXIIIe de la 3e série, 1862.

Société Littéraire et Philosophique de Manchester, Compte-Rendu des travaux et documents divers.

Éloge d'Edmond Géraud, par Charles Laterrade. Brochure.

Flux et Reflux, poésies, par M. Malvesin.

Compte-Rendu de la clinique de l'Établissement de Longchamps, par le Dr Paul Delmas.

Du Progrès dans les Langues, par P. Boissière. Brochure.

Compte-Rendu de la Société de secours des Amis des Sciences, fondé en 1857 par M. le baron Thénard. Brochure.

Le Progrès, revue des sciences, des lettres et arts, Bulletin des travaux du Cercle artistique et littéraire.

Procès-Verbal des délibérations du Conseil général du département de la Gironde, année 1862, 1 vol.

Rapport de M. Natalis Rondat, sur l'Exposition universelle de 1862.

Bordeaux. — Imp. G. Gounouilhou, rue Guiraude, 11.

BULLETIN

DE LA

SOCIÉTÉ PHILOMATHIQUE

DE BORDEAUX.

Assemblée générale du 12 juin 1863.

Le 7 mai 1863, la Société Philomathique accompagnait à sa dernière demeure M. Gaston Vigneaux, et, sur cette tombe prématurément ouverte, M. Lescarret, secrétaire général, avait payé le juste tribut de reconnaissance que devait à la mémoire de son regretté vice-président cette Association Philomathique qu'il avait si bien aimée et si bien servie. (Voir le *Bulletin* du 1er semestre 1863.)

L'Assemblée générale du 12 juin nous a donné une preuve nouvelle de ce dévouement de M. Vigneaux pour nos classes d'Adultes, qui semblaient devenues l'objet le plus cher et le plus constant de sa sollicitude.

On lit, en effet, dans le procès-verbal de cette séance :

« M. Rateau, exécuteur testamentaire de M. Gaston Vi-
» gneaux, a informé par lettre la Société Philomathique
» de l'inscription d'un legs à son profit, dans le testa-
» ment de notre regretté vice-président, de la somme de

6

» deux mille francs, exempte de tous droits de muta-
» tion.

» Par une seconde lettre, M. Rateau détermine quel
» emploi doit être fait de ce legs d'après les dernières
» volontés du testateur. Il doit être spécialement affecté
» soit à l'amélioration des classes d'Adultes, soit à quel-
» qu'un des autres objets d'intérêt public dont la Société
» Philomathique s'occupe.

» Sur la proposition de M. le Président, l'Assemblée
» vote à l'unanimité que l'expression de ses sentiments
» de reconnaissance pour cet acte de générosité sera
» consignée au procès-verbal de la séance. »

Dans la même réunion, M. le Secrétaire général
donne lecture de la lettre de remercîment qu'il a écrite,
au nom des membres de la Société Philomathique et en
exécution d'un vote émis par une précédente assemblée
générale, à Mme Bouté, veuve Rœdel, donataire d'une
rente annuelle et perpétuelle de quarante francs, en
mémoire de son fils Jules Rœdel, ancien élève de nos
classes d'Adultes.

Enfin, l'ordre du jour appelant la nomination d'un
vice-président de la Société Philomathique, M. Armand
Lalande, président, a déclaré le scrutin ouvert, et quarante votants ayant déposé leur vote, M. Lancelin a
obtenu trente-cinq voix.

En conséquence, M. Lancelin, ingénieur des ponts et
chaussées, directeur des travaux de la ville, a été proclamé vice-président de la Société Philomathique.

M. Damas est ensuite nommé secrétaire-adjoint par
vingt-huit suffrages sur trente-deux voix.

C'est dans cette séance qu'a été agitée pour la première fois, en Assemblée générale et d'une manière officielle, la question du nouveau local qui devait recueillir nos classes d'Adultes après la démolition de l'ancien Palais de justice, dont l'insuffisance devenait d'ailleurs chaque jour plus gênante et plus manifeste, grâce au nombre toujours croissant de nos Cours et de nos Élèves.

Lecture est donnée à l'Assemblée par M. le Secrétaire général, de la lettre que le Comité d'Administration a cru devoir adresser à ce sujet à M. le Maire de Bordeaux.

Pendant plusieurs années encore, cette question devait être l'objet des plus vives et des plus légitimes préoccupations de la Société Philomathique. L'étude en avait été déjà confiée à une commission composée de MM. Grelet, de Lacolonge, Lancelin, Lescarret, Manès et Schrader.

Cette Commission avait remis entre les mains de M. le président Armand Lalande le rapport suivant :

Rapport de la Commission chargée de la rédaction d'un programme pour la construction d'un bâtiment destiné aux classes d'Adultes.

Monsieur le Président, lorsque, en 1839, la Société que vous dirigez aujourd'hui fondait ses classes d'Adultes, un

ouvrier illettré trouvait bien peu de moyens d'acquérir l'instruction élémentaire dont son enfance n'avait pas reçu les
bienfaits. Malgré les esprits chagrins qui comparent la
science au fruit défendu, ce fâcheux état de choses, s'il n'a
pas complètement cessé, s'est au moins beaucoup amé-
lioré.

Il est peu de communes sans écoles primaires.

Les instituteurs, soumis à des épreuves sérieuses, ont des
connaissances plus étendues que celles qui suffiraient à leurs
fonctions. Plusieurs d'entre eux ont ouvert des cours pour
les ouvriers. Un ordre religieux, dont on ne peut contester
le zèle, est entré dans la même voie, et donne à ses élèves
une instruction qui permet aux mieux doués d'aborder les
professions qui demandent moins de travail aux bras qu'à
l'intelligence.

Ce progrès a-t-il rendu moins utile l'œuvre que nous
avons entreprise? La Société Philomathique ne le pense pas;
elle ne l'a jamais pensé. A mesure que le niveau des connaissances s'est élevé dans la classe ouvrière, la Société a
haussé celui de son enseignement, sans renoncer à ses premiers cours toujours très suivis. Sa conviction est que, dans
l'état actuel des choses à Bordeaux, elle peut encore et doit
rendre des services.

Chaque ville a sa spécialité industrielle, et c'est là très
probablement une des causes qui ont empêché l'État de créer
lui-même, dans tous les grands centres de population, des
écoles professionnelles. Partout en effet où la doctrine a pu
présenter l'uniformité, il a, pour son service, établi des écoles
d'application qui n'ont d'autre but que d'initier les jeunes
gens à la pratique des professions auxquelles il les destine.
Mais ces institutions ne sont ouvertes qu'à des élèves pourvus
déjà d'une haute instruction. L'enseignement qui s'y professe
ne rayonne sur la classe ouvrière qu'accidentellement, quand

des professeurs, rompus dans la pratique expérimentale, tels que M. Poncelet, ont trouvé dans leur cœur assez de dévouement, et dans leur intelligence assez de lucidité, pour traduire le soir aux ouvriers, en langage vulgaire, ce qu'ils avaient démontré rigoureusement le matin à leurs élèves mathématiciens. D'autres écoles, où l'enseignement est moins élevé que dans les précédentes, appartiennent encore à l'Etat. En 1780, le duc de la Rochefoucauld-Liancourt fondait la première école des Arts et Métiers, imitée depuis à Châlons, à Aix et à Angers. Ce sont là de véritables écoles professionnelles, mais elles ne sont accessibles qu'à des jeunes gens ayant déjà une certaine instruction. Les seuls cours ouverts par l'État aux ouvriers sont ceux du Conservatoire des Arts et Métiers de Paris, organisés par Carnot.

Il y a donc là un vide à combler : quand le besoin s'en est fait sentir, les villes industrielles, des hommes bienfaisants, des Sociétés amies des sciences y ont pourvu dans les limites de leurs ressources. C'est ainsi que se sont fondées les écoles industrielles d'Elbeuf et de Mulhouse, celle de Lamartinière à Lyon, des arts et sciences industrielles à Toulouse, et enfin nos classes d'Adultes à Bordeaux. Ces institutions fonctionnent à côté de cours consacrés aux sciences les plus hautes, parce qu'elles n'ont pas la prétention de suivre, même de loin, les Facultés et les Colléges, et qu'elles ne s'adressent qu'à une classe spéciale d'auditeurs, ceux qui vivent de leur labeur journalier.

Voilà, Monsieur le Président, ce qui nous fait dire que nous pouvons encore rendre des services, si nous tenons à honneur de remplir le but de notre institution, et de rester établissement d'utilité publique.

Les professions manuelles sont dans notre ville nombreuses et variées ; les connaissances utiles à chacune d'elles le sont également. Pour enseigner aux ouvriers les éléments des sciences à la pratique desquelles ils coopèrent, il faut des hommes qui, non seulement les possèdent, mais qui aient encore une certaine expérience de ces professions. Comment discerner sans cela ce qu'il convient d'apprendre à des élèves ayant peu de temps à eux, peu d'instruction première, et auxquels il suffit de faire comprendre ce qu'ils font, sans chercher à les métamorphoser en théoriciens, ce qui ne pourrait que les rebuter.

De tels professeurs, les trouvera-t-on dans une congrégation religieuse, vivant forcément en dehors de la pratique des choses de ce monde et du mouvement industriel? Peut-on les demander à l'Université, dont les éminents professeurs, versés dans les hautes études dont l'enseignement leur laisse peu de loisir, ont à peine le temps d'opérer des recherches sans lesquelles la science ne saurait progresser? Nous ne le pensons pas.

Tant que l'État n'aura pas un personnel spécial, il faudra que les municipalités et les Sociétés savantes ou industrielles y pourvoient, parce que les premières peuvent seules y coopérer des deniers publics, et que les secondes, composées de gens appartenant à toutes les classes de la société, possèdent dans leur sein et savent où trouver les professeurs nécessaires. C'est ce qui est arrivé à Bordeaux, où nous n'avons jamais manqué d'hommes de dévouement et d'expérience qui se sont associés de grand cœur à notre œuvre de charité intellectuelle.

Bientôt le local de nos Classes va disparaître, et nos maîtres ne sauront où réunir leur auditoire. L'édilité bordelaise procédera sous peu à de nombreux travaux qui ont un triple but : assainir des quartiers mal aérés, faciliter les communications, créer des établissements nouveaux et agrandir ceux qui ne sont plus, quant au local, en rapport avec les besoins. A ce dernier titre, notre Société avait droit à une petite place dans le budget de ces constructions. La générosité de feu M. Fieffé de Liévreville, en augmentant ces droits, a permis de les consacrer par des faits ; car si le legs, réduit par l'autorité supérieure à de moindres proportions, ne permet plus la création d'une école professionnelle municipale, il permet encore et au delà l'érection d'un bâtiment où notre enseignement pourra se continuer et prendre le développement nécessaire. Cette assertion est facile à corroborer par la logique des chiffres.

Il y a eu cette année 82 inscriptions pour la coupe des pierres, dont la salle ne contient que 40 places : 42 élèves n'ont donc pu être admis qu'à mesure des départs. Ces derniers postulants n'ont pris possession d'une table qu'après trois mois d'attente. Si l'hiver avait été plus rigoureux, cette situation se fût aggravée, parce que les travaux de maçonnerie étant forcément suspendus, il n'y eût pas eu d'embauchage parmi les tailleurs de pierre.

Pour la coupe des bois de menuiserie, il y a eu 189 inscriptions pour 60 places. Les derniers admis ne l'ont été qu'en mars, un mois avant la fin du cours.

Pour la coupe des bois de charpente, qui ne dispose que de 50 places, il y a eu 114 demandes. Les dernières admissions datent de janvier. Une circonstance exceptionnelle a seule permis qu'il en fût ainsi : 30 charpentiers ont été embauchés d'un seul coup pour les chemins de fer des Pyrénées et de la frontière d'Espagne.

Ce sont donc, comme nous le disions, les moyens matériels qui nous font défaut, et non les professeurs ni les élèves. Ces derniers tiennent à honneur de sortir de nos mains et d'en posséder les preuves. Une auberge où ils prennent leurs repas est garnie de rayons où ils exposent les modèles en plâtre qu'ils ont taillés. Quelle meilleure preuve offrir de notre assertion ?

C'est donc à juste titre, Monsieur le Président, que la question du local vous a préoccupé comme nous, et que vous avez pensé que le moment était venu de rappeler à l'édilité bordelaise des promesses faites à diverses reprises et dans de solennelles occasions. Mais il ne suffit pas de demander, il faut encore appuyer sa demande sur des données précises, et c'est dans ce but que vous avez constitué la commission qui vient aujourd'hui vous rendre compte de ses travaux. Notre enseignement, forcément restreint aux soirées des sept mois d'hiver, comprend actuellement dix-neuf cours. Certains d'entre eux ont lieu tous les soirs et réclament des salles spéciales. Tels sont : le cours de coupe des pierres, le cours de coupe des bois de charpente et le cours de coupe des bois de menuiserie, pour lesquels il faut trois salles. Une quatrième est nécessaire pour les deux cours de dessin d'architecture et de machines, et de dessin d'ornement, qui se font à jour passé. Une cinquième pour les deux cours de lecture, classe élémentaire et classe supérieure, qui alternent également. Restent douze cours : ceux d'écriture, d'orthographe, de grammaire, d'arithmétique, de comptabilité commerciale, de géographie, de géométrie élémentaire, géométrie descriptive, algèbre, mécanique, chimie et physique, qui présentent ensemble vingt-deux leçons par semaine et pour lesquels trois salles suffisent.

Il n'est pas nécessaire, Monsieur le Président, d'aborder ici la justification du programme de nos cours. Le titre de quelques-uns d'entre eux pourra sembler ambitieux à quelques personnes ; mais l'enseignement est partout réduit aux notions élémentaires, et nous n'avons pas besoin de dire que l'intelligence de la mécanique, cette partie si importante de l'enseignement industriel, est impossible sans le secours d'un peu d'algèbre et de géométrie descriptive. Le nombre de nos cours, loin de pouvoir subir une diminution, sera plutôt augmenté, si l'on veut que nos élèves y trouvent les principes qu'ils doivent appliquer dans leurs professions si variées. Le cours de mécanique, en particulier, est fort incomplet, et réclame deux ou trois subdivisions.

Huit salles nous sont donc, dès à présent, indispensables, et il en faudrait neuf, si quelques leçons d'une durée assez courte ne pouvaient se succéder dans la même soirée.

A ces salles, il faudrait joindre un vestibule, et des couloirs assez spacieux pour éviter l'encombrement au moment de l'entrée et de la sortie d'un grand nombre d'élèves; une galerie de modèles, une salle de bibliothèque, et quelques dépendances, telles qu'un laboratoire, un petit cabinet de physique, des logements pour un concierge et pour un autre employé, un cabinet pour le directeur des classes, un autre pour les professeurs, etc.

Telles sont les données principales qui doivent présider à la rédaction d'un projet de bâtiment pour nos Classes. Il faut y joindre l'indication de la surface à donner à chaque salle, d'après le nombre des élèves. C'est ce qu'a fait la Commission, avec le concours de M. le Directeur des classes d'Adultes.

Pour mieux préciser, aux yeux de l'Administration municipale, les convenances auxquelles l'édifice projeté parait devoir satisfaire, la Commission a chargé l'un de ses membres, M. Grelet, du soin de dresser un plan de distribution qui s'adapte à l'emplacement que possède la ville entre la rue Vital-Carles et la rue Saint-Paul. Ce plan, examiné par la Commission en votre présence, Monsieur le Président, a reçu son entière approbation.

Le bâtiment présente la forme d'un trapèze à très peu près rectangulaire, de 30 mètres de façade sur chacune des deux rues, et de 53 mètres environ de profondeur. Il est éclairé de tous côtés, ce qui oblige à ménager un passage de

2 mètres le long des propriétés particulières, du côté nord. Un couloir traverse l'édifice dans toute sa longueur, et s'élargit du côté de la principale entrée, rue Vital-Carles, pour former vestibule. Sur ce couloir ouvrent toutes les salles, ainsi que deux escaliers symétriquement placés et conduisant au premier étage.

Au rez-de-chaussée, on rencontre : d'abord, la salle de dessin, de 150 mètres de surface, disposée pour 150 élèves; et en face, la salle destinée principalement au cours d'écriture, de même superficie, mais pouvant admettre 200 élèves; plus loin, l'amphithéâtre destiné aux cours de chimie, de physique, etc., avec cabinet et laboratoire. Il présente 160 mètres, dont 40 pour les dépendances, et peut recevoir 200 personnes.

La salle pour la coupe des bois de menuiserie, de 160 mètres aussi, ne peut admettre que 120 élèves, à cause de la place prise pour les établis. Les salles de coupe de pierres et de charpentes, reléguées au fond, sur la rue Saint-Paul, auront chacune 100 mètres, et n'admettront l'une et l'autre que 60 élèves.

Au centre du rez-de-chaussée se trouvent : d'un côté le logement du concierge, et de l'autre le bureau d'inscription des élèves, ainsi que des urinoirs et des cabinets d'aisance ouvrant sur une petite cour intérieure.

Au premier étage, en façade sur la rue Vital-Carles, sont la bibliothèque et la galerie des modèles, de 72 mètres chacune; puis, deux salles de 100 mètres pour le cours de lecture et autres, capables de contenir 160 élèves; et de l'autre côté des escaliers, un logement d'employé, le cabinet du directeur, celui des professeurs, et des lieux d'aisance.

Le premier étage ne couvre qu'une partie du rez-de-chaussée. Il pourrait être agrandi si le besoin s'en faisait sentir. On a supposé que des ouvertures seraient pratiquées sur toute la façade sud du bâtiment, en prenant jour sur un jardin dépendant de l'hôtel des Facultés. Si ce jardin n'existait pas d'une rue à l'autre, si des constructions venaient en façade s'appuyer contre le bâtiment affecté aux classes d'Adultes, il faudrait supprimer une partie des ouvertures du côté sud. Quelques salles seraient alors moins bien éclairées ou devraient l'être par la toiture. Mais l'essentiel est qu'une bonne ventilation soit partout assurée. Le jour importe moins, puisque tous les cours se font le soir, à la lueur du gaz.

La surface utile du bâtiment est de 1,532 mètres; en y ajoutant l'épaisseur des murs, elle est de 53 mètres $\times$ 30 = 1,590 mètres, et en comptant encore celle du passage de 2 mètres, ménagé du côté nord, elle atteint 1,696 mètres. Ce n'est là qu'une partie de l'emplacement compris entre la rue des Trois-Conils, la rue Vital-Carles et la rue Saint-Paul, où se trouvent actuellement la caserne et la prison municipales et le magasin des tuyaux de conduite de la distribution d'eau. Nous croyons que la ville a le projet de transporter ailleurs la caserne et la prison, qu'il en sera de même du magasin des tuyaux, pour lequel un espace est réservé dans les dépendances de la direction des eaux, et qu'ainsi la ville aura bientôt à sa disposition un vaste emplacement à peu près rectangulaire, de 81 mètres sur 54, ou de 4,374 mètres de superficie. A la vérité, nous y comprenons deux maisons de peu de valeur, ayant ensemble 280 mètres de surface, qui entament cet emplacement du côté de la rue Saint-Paul, et dont la ville voudra certainement faire l'acquisition pour donner à ses constructions la régularité désirable. La partie de cet emplacement que nous demandons est la moins précieuse, puisqu'elle en occupe le fond. Elle laisse encore disponible une surface de 2,678 mètres, c'est à dire plus des 3/5 du total, bien suffisante pour y construire, comme c'est, à ce qu'il paraît, le projet de l'Administration, un hôtel destiné aux Facultés. En effet, l'emplacement actuellement affecté à cette destination, dans une partie de l'Hôtel de Ville, n'a qu'une étendue de 850 mètres et une seule façade. En triplant et au delà cette étendue, comprise entre trois façades, on aura bien certainement le nécessaire.

Loin de nous, Monsieur le Président, la pensée d'établir le moindre parallèle entre les Cours savants des Facultés et nos modestes classes. Mais pour être plus humble, notre enseignement n'est pas moins utile, et ce qu'il faut prendre pour mesure du local d'un établissement scientifique, c'est moins la science des maîtres que le nombre des auditeurs. Vous avez vu comme ils sont pressés dans la plupart de nos salles. L'insuffisance des amphithéâtres actuels des Facultés est assurément moins apparente. Nous espérons donc que l'Administration municipale trouvera nos prétentions fort raisonnables, et qu'elle ne voudra rien retrancher de l'emplacement que nous demandons. Le plan soumis à son examen ne nous a été présenté par son auteur que comme une première étude susceptible de perfectionnement.

C'est plutôt un programme graphique qu'un projet. L'Administration, qui peut seule faire les dépenses de la construction, voudra probablement arrêter elle-même les plans et devis. Toutefois, si la ville en exprimait le désir, la Commission se chargerait volontiers de rédiger un projet complet.

Veuillez agréer, Monsieur le Président, l'expression de nos sentiments affectueux et dévoués.

Pour la Commission, composée de MM. GRELET, de LACOLONGE, LANCELIN, LESCARRET, MANÈS et SCHRADER,

L'un des membres,

Signé LANCELIN.

Dans la même séance, M. le Secrétaire général donne lecture à l'Assemblée d'une lettre de M. Ordinaire de Lacolonge, par laquelle cet honorable membre offre à la Société de faire à nos classes d'Adultes un cours d'hydraulique pratique. Cette proposition a déjà été acceptée avec reconnaissance par le Comité d'Administration.

Le cours d'hydraulique pratique, enseigné par un professeur aussi distingué que l'honorable membre qui veut bien s'en charger, aura d'autant plus d'utilité que le département de la Gironde compte un assez grand nombre de moteurs hydrauliques généralement mal établis, et qu'il est à peu près impossible de trouver aujourd'hui réunis dans un même ouvrage, d'une manière succincte et suffisamment claire, les principes généraux de cette science et leur application aux cas les plus importants et les plus fréquents de la pratique.

Tous les membres de la Société se rappellent d'ailleurs le dévouement éclairé et constant que M. de Lacolonge porte à nos classes d'Adultes, et les réflexions si justes et si opportunes déjà lues par lui dans une des dernières Assemblées générales, et publiées dans un précédent Bulletin. (Voir le *Bulletin* du 1ᵉʳ semestre 1863.)

En conséquence, l'Assemblée générale, s'associant pleinement aux sentiments déjà exprimés par le Comité, vote à l'unanimité des remercîments à M. de Lacolonge, et décide que l'expression de sa gratitude sera consignée au procès-verbal de la séance.

Dans la même réunion, sur la proposition de MM. Lussaud et de Saint-Pierre, secrétaires-adjoints, l'Assemblée générale vote à l'unanimité qu'une médaille d'or (grand module) sera offerte à MM. Dieuzaide, professeur de comptabilité commerciale, et Dupreuilh, professeur d'écriture, en récompense des longs et excellents services rendus par eux à la Société Philomathique dans l'enseignement de nos Classes.

Assemblée générale du 16 décembre 1863.

M. le Président annonce à l'Assemblée, qu'indépendamment de nos classes d'Adultes, qui satisfont actuellement à des besoins si importants et si bien reconnus, une série de cours spéciaux vient d'être créée par le Comité d'Administration, sous le nom de *Classes d'Apprentis,* et dans le but de répondre à des besoins nouveaux qui s'étaient manifestés depuis longtemps parmi la population ouvrière de notre ville.

Il donne ensuite la parole à M. Schrader, directeur des classes, pour présenter quelques détails à l'Assemblée sur la réalisation de cette mesure.

L'honorable M. Schrader énumère les cours ainsi créés, en même temps que le nom des professeurs auxquels ils ont été confiés. Ce sont : MM. Fenasse jeune, pour le cours de lecture; Dupreuilh, pour le cours d'écriture; Bonnetat, pour le cours de calcul.

Ainsi que leur nom l'indique, ces classes d'Apprentis sont spécialement destinées aux jeunes gens âgés de moins de seize ans, qui, pour cette raison, ne peuvent trouver place aux classes d'adultes, et qui sont empêchés d'ailleurs, par leurs travaux d'apprentissage, de fréquenter pendant le jour les différentes écoles de la ville.

Ces jeunes gens trouveront dans ces cours des notions élémentaires qui les prépareront très utilement à suivre plus tard, avec plus de fruit, l'enseignement plus complet et plus élevé des classes d'adultes.

Déjà, et bien qu'elle compte à peine quelques mois d'expérience, cette innovation a été couronnée d'un succès complet, et les jeunes apprentis viennent en foule se faire inscrire aux cours qui leur sont spécialement destinés.

M. Schrader ajoute à ces détails, écoutés par l'assemblée avec le plus vif intérêt, quelques renseignements sur l'état de prospérité marquée que présentent nos classes d'adultes, et sur le nombre, chaque année plus élevé, de nos élèves.

M. le Président, se faisant l'interprète de l'Assemblée, adresse à l'honorable membre des félicitations et des remerciments pour le dévouement éclairé qu'il ne cesse de déployer dans la direction qui lui est confiée.

Dans la même séance, M. A. Noël, professeur de rhétorique au Lycée impérial de Bordeaux, donne lecture d'une étude intitulée *Virgile et l'Italie*. Ce travail présente, avec une grande élégance de style, une valeur très remarquable au point de vue de la critique littéraire, et après l'avoir accueilli de la manière la plus favorable, l'Assemblée en décide l'impression dans son *Bulletin*. Nous le reproduisons ci-après.

VIRGILE ET L'ITALIE

I

Les grands écrivains se distinguent sûrement à cette marque infaillible qu'ils fournissent un aliment inépuisable à la curiosité et aux études des générations suivantes. Pareils à ces cours d'eau qui fertilisent pour l'éternité de vastes contrées, leur œuvre nourrit et féconde les intelligences de tous les siècles. On n'a jamais tout dit sur leur compte; les travaux les plus consciencieux et les plus complets laissent encore quelque découverte à la sagacité de ceux qui croyaient y trouver le dernier mot de l'énigme. Virgile est, sans contredit, au premier rang de ces génies dont on creuse l'esprit et les pensées sans jamais atteindre le fond. Que d'études remarquables, que de commentaires précieux, que de savantes notices ont inspirés ces vers, ornements de toutes les mémoires, exquise pâture de toutes les intelligences depuis plus de dix-huit cents ans! Et pourtant, les derniers venus ne laissent pas de trouver à glaner après chaque moisson. Il reste toujours à faire quelque exploration nouvelle, à mettre en lumière quelque point resté dans l'ombre, ou du moins mal éclairci. C'est ainsi qu'en relisant la remarquable étude de M. Sainte-Beuve sur le poète latin, il nous a semblé qu'il négligeait trop un des caractères propres à faire mieux comprendre l'œuvre tout entière, et surtout à justifier l'auteur des reproches que les critiques reproduisent un peu sur la foi les uns des autres, sans trop en approfondir la vérité.

Une opinion généralement répandue, c'est qu'un seul personnage domine l'action de l'Énéide, et que ce personnage, fictif et abstrait, c'est la ville de Rome et la grandeur romaine. Nous admettons sans contradiction que le poëme de l'Énéide soit dominé plutôt par une idée que par un personnage; mais que ce personnage soit Rome, c'est ce que nous prétendons contester. Virgile n'est pas *romain :* il est né dans l'antique Étrurie; il a souffert par l'histoire de son pays de cette tyrannie romaine qui écrasait au profit d'une seule ville une grande nation d'abord, et, successivement, toutes les parties du monde connu. Virgile est *italien;* il a dû reconnaître pour maîtresse et pour reine cette cité superbe dont le joug, secoué si souvent, a fini par peser d'une manière irrésistible sur la Péninsule entière; mais les sentiments italiens ne sont qu'à demi étouffés dans son âme patriote : c'est un feu qui couve sous la cendre et qui, même à l'insu du poète, se réveille à toutes les occasions dans son âme, et parfois éclate en étincelles que nous croyons voir briller en mille endroits de ses ouvrages.

C'est à ce sentiment *italien* qu'il faut attribuer l'enthousiasme du poète pour l'empereur Auguste, que la reconnaissance de l'Italie et des provinces élève jusqu'à l'Olympe, tandis que Rome, toute pompéienne, lui reproche l'oppression de ses droits et de sa liberté. Ses

droits! de tyranniser le monde; sa liberté! d'avoir à
son profit confisqué celle de tous les peuples voisins.
Nous savons aujourd'hui, et Tacite même au besoin
pourrait nous l'attester, que l'avènement d'Augute fut
salué par l'applaudissement des nations délivrées :

Nec provinciæ illum rerum statum abnuebant, suspecto
Senatus Populique imperio, ob certamina potentium et avari-
tiam magistratuum ; invalido legum auxilio, quæ vi, ambitu,
postremo pecunia turbabantur (¹).

TACITE, *Annales*, I, ch. 2.

Les traducteurs habitués aux litotes fréquentes de la
langue latine savent ce qu'on doit entendre par ce « *non
abnuebant*, si bien expliqué du reste dans les lignes
suivantes. Il est à croire que ce sentiment des provinces n'était pas moins vif chez les peuples italiens, et
Mithridate pouvait penser ce que notre Racine lui fait
dire avec tant d'énergie :

..... De près inspirant les haines les plus fortes,
  Tes plus grands ennemis, Rome, sont à tes portes.

Imbu dès l'enfance de ces idées *italiennes* arrivées
jusqu'à lui à travers tant de générations opprimées,
Virgile n'a pu se montrer *romain* dans ses œuvres, et
nous trouvons en bien des endroits la preuve que, s'il
ne se déclare pas l'ennemi de Rome, il n'a garde de lui
sacrifier l'Italie; et que s'il chante Rome, c'est la Rome
de César, la Rome capitale de l'*Italie une*, et non pas
la Rome conquérante et dominatrice de la Péninsule
asservie.

(¹) « Les provinces accueillaient avec transport ce nouvel ordre de
choses; l'autorité du Sénat et du peuple avait fini par devenir
odieuse..... »

Dans l'apothéose de l'Empereur, Rome n'est pas nommée, et ce sont les bienfaits d'Auguste répandus sur les villes et sur le monde entier qui lui vaudront l'honneur d'être admis au rang des dieux. Ne pourrait-on pas croire que Virgile insiste avec intention sur le meurtre de César, qui est le crime de *Rome* et dont l'*Italie* répudie la complicité?

Ille etiam exstincto miseratus Cæsare Romam.....

Au moins il va sans doute nommer la ville éternelle dans ce magnifique éloge de l'Italie, le chant le plus sublime que puisse inspirer l'amour de son pays au cœur d'un citoyen :

Salve magna parens frugum, Saturnia tellus,
Magna virum..... ([1])

Il ne paraît même pas songer à cette Rome que, plus tard, Pline appelait avec affectation « la belle figure d'une si belle tête. » Mais, en revanche, il ne négligera pas de glorifier ces mâles enfants qui peuplent les légions et fertilisent les campagnes. « O terre bénie, qui roules dans tes veines des ruisseaux d'or et d'argent, tes flancs ont porté les Marses belliqueux, les Sabins indomptés, les Ligures infatigables et les Volsques intrépides ! »

Quelques vers plus bas, s'il célèbre les mœurs rustiques et les mâles vertus qui firent la force et la grandeur de Rome, il ne la nommera pas seule, et les peuples italiens seront associés à sa gloire :

([1]) Salut, terre de Saturne, terre féconde en moissons comme en héros!

Hanc olim *veteres* vitam coluere *Sabini*,
Hanc Remus et frater, sic fortis *Etruria* crevit
Scilicet, et rerum facta est pulcherrima Roma (¹).

Géorg., II, v. 531.

Ne doit-on pas être frappé de voir le poète latin mêler à l'éloge de Rome le nom des peuples qu'elle a combattus pendant tant d'années, et dont le courage indompté lui a fourni la matière de tant de triomphes?

II

C'est surtout dans l'œuvre vraiment nationale de Virgile, c'est dans ce poème de l'Énéide, monument élevé à la gloire de son pays, et qui doit durer plus que le rocher inébranlable du Capitole,

Capitoli immobile saxum

qu'il faut chercher des preuves à l'appui du système que nous prétendons soutenir. Bien que Rome ne soit pas désignée seule dans le début qui nous annonce l'objet du poème, et que Virgile signale surtout la race latine, les Albains et la nation romaine plutôt que Rome, la ville elle-même,

..... Genus unde latinum,
Albanique patres atque altæ mœnia Romæ (²).

. . . .

(¹) Voilà la vie que menaient jadis les vieux Sabins... C'est ainsi que grandit la vaillante Étrurie et que Rome devint la merveille du monde.

(²) ..... D'où sont sortis les races des Latins et les sénateurs d'Albe, et la puissante Rome.....

Tantæ molis erat romanam condere gentem (¹)!
Énéide, I, 6.

il y aurait de la subtilité à s'appuyer sur ce passage;
mais il est curieux de remarquer dans la suite de
l'épopée avec quel intérêt, quelle franche sympathie le
poète vante de préférence tout ce qui se rattache à
l'Italie. Comme les chefs troyens sont effacés, en comparaison des héros de l'Italie qui défendent leur pays
contre cette agression étrangère! Parcourons en détail
l'énumération du vii⁰ livre. Au premier rang paraît
Mézence, le contempteur des dieux, dont la sombre et
violente figure fera pâlir plus d'une fois celle du vertueux Énée. Il est, dès son apparition, relevé, justifié,
absous d'avance en quelque sorte par son fils Lausus,
si brave et si beau, si digne d'un autre père! Puis vient
Aventinus, fils d'Hercule lui-même et de la belle Rhéa,
héritier de la bravoure paternelle et du charme de sa
mère. Les deux frères Catillus et Coras, sortis de Tibur,
et qu'on trouve toujours au premier rang, rapides
comme les Centaures, terribles comme la tempête;
Cæculus, fondateur de Préneste; sa merveilleuse naissance le rend cher à tous les braves qui habitent les
champs de Gabies, les rives de l'Anio et la riche Ana-
gni qu'arrose l'Amasène; Messape l'indomptable, sur
lequel n'ont de prise ni l'eau ni le feu, digne chef des
hommes de Fescennia, des Eques, des paysans du
Soracte, de Flavinie et de Capène; c'est Clausus qui

(¹)   ..... Tant dut coûter de peine
Ce long enfantement de la grandeur romaine.
                                    DELILLE.

conduit les Sabins, les guerriers d'Amiterne et tous ces généreux enfants de l'Italie, les véritables *Quirites,* bien que la ville de Romulus les ait plus tard asservis, et qu'elle ait même effacé leurs noms de la liste des peuples (¹).

Halesus entraîne à sa suite tous ceux qui labourent les coteaux du Massique et les plaines des Sidicins; et Calès, les paysans des rives du Vulturne et de la contrée des Osques. La Campanie n'est point oubliée; Œbalus, le fils d'une nymphe, la précède au combat. Les Marses suivent Umbron dont la science égale le courage; l'amertume des larmes que causera sa mort semble encore un trait dirigé contre Énée (²).

Turnus, mille fois vanté dans le cours du récit, n'est pas indigne de commander à tous ces peuples italiens dont l'éloge n'est pas moins explicite ni moins enthousiaste que celui de leurs généraux.

Enfin, est-il possible de trouver parmi les aventuriers de Troie un seul guerrier comparable à la jeune et vaillante Camille? Ce portrait, frais et gracieux, qu'un des plus grands poètes modernes n'a pu que traduire, est dans toutes les mémoires. Avec quelle complaisance Virgile l'a dessiné! Comme elle entraîne les cœurs après elle! L'auteur a-t-il pu ne pas comprendre qu'un cri de malédiction s'échapperait de toutes les poitrines quand il la sacrifierait à la cause d'Énée?

(¹) Una ingens Amiterna cohors, priscique Quirites.
Énéide, VII, 710.

(²) Te nemus Anguitiæ, vitrea te Fucinus unda,
Te liquidi flevere lacus. *Énéide,* VII, 759.

Souillée d'un si beau sang, la victoire des Troyens est une victoire impie.

Ce panégyrique des défenseurs italiens, qui occupe près de deux cents vers (de 640 à 817), cette longue énumération de tous les peuples dont chaque nom est accompagné d'une épithète louangeuse, est à coup sûr une protestation italienne contre Rome triomphante avec Énée. Qu'ai-je dit? Virgile ne veut même pas reconnaître ce triomphe de Rome : l'autorité qu'elle a depuis conquise est une usurpation véritable. Ce n'est point ainsi que l'avait entendu Latinus; les demandes d'Énée étaient plus modestes, et toute son ambition se bornait à fondre ses Troyens avec ce peuple italien qui, plus tard, esclave de Rome, et courbé six cents ans au joug de fer de la république, ne recouvrera son indépendance que sous le sceptre d'Auguste, du prince qui fera revivre pour les Latins les jours du siècle d'or et les temps de Saturne (¹).

Les promesses des Troyens sont solennelles et engagent leurs descendants (²).

« Non, je le jure, les Italiens n'obéiront pas aux fugitifs de Troie; je ne réclame pas le trône; que nos deux nations confondent leurs citoyens et leurs lois, qu'elles ne forment qu'un seul peuple, — que l'Italie soit une! » L'histoire romaine raconte si ce serment

---

(¹)   Augustus Cæsar, divi genus; aurea condet
    Sæcula qui rursus Latio, regnata per arva
    Saturno quondam.....   *Énéide*, VI, 791.

(²)   Non ego nec Teucris Italos parere jubebo,
    Nec mihi regna peto : paribus se legibus ambæ,
    Invictæ gentes æterna in fœdera mittant.

fut gardé, et combien de fois le monde a plaint

                                        Racine, *Mithridate*.

Peut-être un lecteur surpris ou prévenu voudra voir dans ces remarques une interprétation forcée du texte; notre prétendue glorification des héros italiens lui semblera le lieu commun poétique de toutes les épopées, plutôt qu'une inspiration du patriotisme de Virgile. Au moins n'est-il pas permis de se tromper au caractère d'Énée lui-même, et au rôle que le poète fait jouer à celui qui, d'après toutes les lois littéraires, doit dominer le poëme et entraîner dans sa sphère tous lés autres personnages. L'astre est-il assez brillant pour condamner ceux qui l'entourent à n'être que ses satellites? Il semble, au contraire, que le chantre d'Énée se soit ingénié à le déprécier dans l'esprit du lecteur, qu'il ait pris à tâche d'effacer tous les traits héroïques dont nous voudrions dessiner la figure d'un conquérant, d'un fondateur d'empire. Je sais qu'Homère laissait à son successeur un triste héritage dans la figure d'Énée; mais le talent de Virgile, capable de créer tant de types éternels dont l'Iliade ne lui fournissait pas même le nom, n'aurait pas été bien en peine de faire oublier par une peinture pleine de vie le pâle crayon qui rappelait le fils d'Anchise. Qu'a-t-il fait, au contraire, et quelle impression son héros laisse-t-il dans nos âmes?

III

Le caractère d'Énée n'a rien d'héroïque : en mille endroits il fait preuve d'irrésolution et de faiblesse; c'est l'avis ou la décision des dieux qui entraîne la sienne, et le pousse dans la voie où seul il n'oserait s'aventurer. Je veux bien que ce soit là un moyen d'ennoblir l'origine de Rome, en l'enlevant en quelque sorte à l'action humaine pour la rapporter aux dieux; il n'en est pas moins vrai que ce parti-pris laisse dans une position inférieure celui qu'on proclame le héros du poëme, et dont l'œuvre porte le nom. Virgile sent lui-même que son instinct l'entraîne trop loin dans cette route; il semble parfois faire effort pour replacer un peu haut le personnage que la force des choses abaisse et déprime. Vains efforts! les faits sont plus forts que les épithètes; le guerrier que le poète appelle « le héros, le vaillant, le grand, le terrible, l'intrépide » (¹), est le même qui, dans toutes les circonstances graves et périlleuses, a d'abord recours aux larmes, et sent défaillir son âme sous toutes les émotions. Les larmes ne sont point indignes d'un héros, mais encore faut-il qu'elles soient excitées par une sensibilité généreuse, et non par la crainte ou par la douleur efféminée. Versées par un homme, les larmes nous troublent avec violence, parce qu'elles font une sorte de contraste avec la nature virile.

(¹) « Héros, » *Æn.*, vi. 103; « optimus armis, » *Enéid.*, ix, 41; « magnus, » *Enéid.*, x, 159; « sævus in armis, » *Enéid.*, xii, 108; « acer in armis, » xii, 938.

Si on les prodigue, elles ne nous touchent plus, ou même elles nous font prendre en mépris celui qui n'a pas assez de force pour réprimer ces mouvements qui ne doivent pas triompher d'un mâle courage. Certes, rien n'est plus pathétique que les larmes d'Achille pleurant la mort de Patrocle, ou que les gémissements du vieux Priam, en présence du meurtrier de son fils Hector :

« Tout se taisait autour d'eux, et l'on n'entendait plus sous la tente que la plainte d'Achille et de Priam; — l'un pleurait Patrocle son ami, l'autre son valeureux fils, mort en défendant son pays et son père. »

Voilà des gémissements sublimes, voilà des larmes solennelles ! Pouvons-nous leur comparer celles d'Énée qui, surpris par la tempête sur les côtes d'Afrique, s'épouvante et éclate en sanglots :

« Le frisson agite tous ses membres; il gémit, et tendant les deux mains vers le ciel, il s'écrie... (¹). »

Plus tard, à la rencontre de sa mère Vénus, qui, déguisée en jeune chasseresse, vient diriger sa marche vers Carthage, il soupire et se plaint : pendant qu'elle l'interroge, il soupire, et d'une voix plaintive... (²).

Nous ne le blâmons point de n'entreprendre que les larmes aux yeux le lamentable récit de la ruine de Troie. La perte de la famille et de la patrie excuse ici 'explosion de la douleur.

(¹) Extemplo Æneæ solvuntur frigore membra;
    Ingemit, et duplices tendens ad sidera palmas,
    Talia voce refert.   *Enéid.*, I, 92.

(²)   Quærenti talibus ille
    Suspirans, imoque trahens a pectore vocem... *Enéid.*, I, 370.

« Quel est le Myrmidon, le Dolope ou le soldat du cruel Ulysse qui pourrait entendre, les yeux secs, ce lamentable récit (¹)? »

Nous lui permettons encore l'attendrissement qu'il éprouve en se séparant d'Andromaque pour aller chercher au hasard, sur des terres inconnues, une patrie nouvelle que la veuve d'Hector a trouvée en Épire. Il ne peut quitter sans larmes cette noble femme si douloureusement éprouvée par les dieux (²).

Mais il semble que Virgile prenne plaisir à épuiser la sensibilité du héros et s'attache à lui fournir des occasions de larmes. C'est en pleurant qu'il se sépare de la reine de Carthage (³).

Il s'épouvante à la nouvelle de l'incendie de sa flotte (⁴).

Son pilote Palinure lui est enlevé par un coup de mer, il s'en afflige avec raison; il lui doit un tribut de tristesse; doit-il le lui payer avec tant d'exagération? « L'âme profondément émue par le malheur de son ami, il gémit et s'écrie en pleurant (⁵)... »

Il pleure encore en entrant dans les enfers (⁶).

(¹)   Quis talia fando
    Myrmidonum, Dolopumve, aut duri miles Ulyssei
    Temperet a lacrymis.   *Enéid.*, II, 6.

(²) His ego digrediens lacrymis affabar obortis.
                                  Enéid., III, 492.

(³)   Multa gemens.   *Enéid.*, IV, 395.

(⁴)   Casu concussus acerbo.   *Enéid.*, V, 700.

(⁵) Multa gemens, casuque animum concussus amici.
                                  Enéid., V, 869.

         Sic fatur lacrymans...   *Id.*, VI, 1.

(⁶)   Æneas mœsto defixus lumina vultu.
                                  Enéid., VI, 165.

Ses larmes redoublent quand il aperçoit Didon (¹).

Il en verse encore quand elle disparaît. « Touché de ce destin cruel, Énée la suit de l'œil en pleurant (²). »

C'est au début de sa grande entreprise, au moment où devraient éclater son énergie et sa fermeté d'âme, que le futur fondateur de l'Empire romain sent défaillir sa force et son courage. N'est-ce pas en effet au moment de l'invasion que Virgile sent battre son cœur d'Italien et jette malgré lui quelque défaveur sur le premier chef de l'aristocratie romaine?

Énée est donc incertain et troublé : l'aventure de cette guerre l'épouvante. Ce n'est pas lui *qu'il faut réveiller d'un profond sommeil* la veille de la bataille. — Il ne peut trouver le repos, et l'inquiétude agite son esprit et son corps (³).

On se fatigue de le voir pleurer à la mort de Lausus, à celle de Pallas; pleurer en renvoyant à Évandre le corps de ce jeune guerrier : « Il dit et verse des larmes (⁴)... » Et dix vers plus loin : « A ces mots, les larmes inondent son visage (⁵). »

Cette exagération dans la sensibilité, cette disposition à la profusion des larmes sera-t-elle compensée par

---

(¹) Demisit lacrymas. *Enéid.*, VI, 455.

(²) Æneas, casu percussus iniquo,
Prosequitur lacrymans longe, et miseratur euntem.
Enéid., VI, 475.

(³) Talia per Latium ; quæ Laomedontius heros
Cuncta videns, magno curarum fluctuat æstu...
Enéid., VIII, 18.
Æneas, tristi turbatus pectora bello
Procubuit, scramque dedit per membra quietem. VIII, 30.

(⁴) Sic ait illacrymans. *Enéid.*, XI, 29.

(⁵) Lacrymis ita fatur obortis. *Enéid.*, XI, 41.

quélques grands exploits? Où sont les beaux faits d'armes et les grands coups d'épée qui rendront au chef de la nation romaine le prestige détruit si souvent par ses faiblesses et ses discours efféminés?

La première fois que nous le voyons en armes, au livre deuxième, l'effort de sa valeur l'emporte contre une femme. Il veut tuer Hélène, l'auteur des maux de Troie : c'est contre une femme qu'il veut tirer son épée. Il faut que sa mère vienne lui faire honte de sa colère ridicule par l'objet qui l'excite. C'est d'une façon presque humiliante pour lui qu'elle lui rappelle qu'en ce moment terrible il a bien autre chose à faire qu'à s'acharner contre une femme qui tremble elle-même, incertaine du sort qui l'attend, et qui redoute presque autant les vainqueurs que les vaincus.

« Au milieu de ce désordre, j'aperçois, cachée dans un recoin obscur, la fille de Tyndare... Craignant les Troyens irrités de la ruine de Pergame, et la vengeance des Grecs, et le courroux de l'époux qu'elle a trahi, cette femme, fléau de Troie et de la Grèce, se réfugiait tremblante à l'abri des autels, indignés de sa présence. A son aspect, ma colère bouillonne, je veux venger ma patrie et punir l'auteur de tant de crimes (¹).

(¹)   Tacitam secreta in sede latentem
Tyndarida adspicio...
Illa sibi infestos eversa ob Pergama Teucros,
Et pœnas Danaum, et deserti conjugis iras
Prœmetuens...
Abdiderat sese, atque aris invisa sedebat.
Exarsere ignes animo : subit ira cadentem.
Ulcisci patriam, et sceleratas sumere pœnas.

Enéid., II, 568.

Il peut en effet combattre avec les derniers défenseurs de Troie et chercher la mort sur les ruines de sa patrie, au milieu des cadavres des Grecs. Pourquoi l'auteur ne fait-il que lui en donner la résolution, sans effet? Pourquoi le grand guerrier se laisse-t-il vaincre si facilement par les prières de sa femme, de son fils et les supplications paternelles (¹)?

Hector aussi avait entendu les douloureuses réclamations d'Andromaque, il avait embrassé son enfant; mais après les avoir recommandés aux dieux, il avait remis son casque à la terrible aigrette, pour aller braver Achille et défendre la sainte Ilion. On ne peut nier que la situation et les sentiments d'Hector ne soient plus héroïques que ceux d'Énée.

D'autres occasions se présenteront pour Énée d'éprouver sa valeur. Il aura bien quelque emploi de sa foudroyante épée. Au ivᵉ livre, il la tire enfin du fourreau; le coup terrible est porté : la victime est un câble qui cesse alors de retenir les Troyens au rivage de celle qui les a recueillis dans leur misère, et à qui l'abandon perfide du chef ne laisse que le déshonneur et la mort. Nous aurions l'air vraiment de faire ici de la parodie, si nous ne citions textuellement le passage :

> Dixit, *vaginaque eripit ensem*
> *Fulmineum*, strictoque ferit retinacula ferro.
>
> *Enéid.*, II, 560.

Le sourire effleure les lèvres du lecteur, lorsqu'au viᵉ livre nous voyons encore le glaive d'un héros me-

---

(¹)   Ecce autem complexa pedes in limine conjux
Hærebat, parvumque patri tendebat Iulum. *Enéid.*, II, 674.

nacer des ombres. Sans faire d'Énée un pourfendeur de montagnes, un matamore espagnol, Virgile pourrait se dispenser de nous initier à ses frayeurs, et de nous le présenter s'escrimant contre des fantômes (¹).

Peut-on imaginer une situation moins héroïque et une bravoure plus mal employée?

Nous verrons Énée aux prises avec des hommes; par malheur, ceux qui vont tomber sous ses coups ne sont guère plus terribles que des fantômes. C'est Magus, qui même sans avoir été touché par la flèche de l'ennemi, tremblant, tombe à genoux, implore une vie qu'il offre de racheter par des monceaux d'or. Un guerrier eût dédaigné cette victime; Enée lui plonge dans la gorge son épée jusqu'à la garde (²).

Plus loin, au vers 783, il attaque Mézence : ce n'est point un rival à mépriser; mais les chances du combat tournent de telle sorte que le chef des Troyens commencera par tuer un enfant, un enfant qui voit pour la première fois le champ de bataille, et qui n'a guère d'autre armure qu'une tunique brodée par sa mère. Pour qu'il frappe Mézence lui-même, il faut que Mézence, blessé d'une flèche, affaibli par la perte de son

(¹)   Corripit hic subita trepidus formidine ferrum
        Æneas, strictamque aciem venientibus offert;
        Et, ni docta comes tenues sine corpore vitas
        Admoneat volitare cava sub imagine formæ,
        Irruat, et frustra ferro diverberet umbras. *Enéid.*, VI, 290.

(²)   Inde Mago procul infensam contenderat hastam;
        Ille astu subit; at tremebunda supervolat hasta;
        Et genua amplectens effatur talia supplex :...
        Sic fatus (Æneas), galeam læva tenet, atque reflexa
        Cervice orantis capulo tenus applicat ensem.
                    Enéid., X, 521 à 537.

sang, soit de plus renversé sous son cheval et presque broyé dans sa chute. L'épée foudroyante, *ensis fulmineus,* de cet Énée, *maximus armis,* aura la gloire de l'achever (¹).

Nous la verrons encore flamboyer au soleil, mais elle ne fera trembler personne; ses intentions sont toutes pacifiques, et son maître semble l'offrir aux dieux en leur jurant qu'il n'en fera plus usage. Le mouvement sans doute est solennel et dramatique; mais la lance d'Achille ou l'épée de Turnus lui-même auraient eu meilleure grâce à renoncer ainsi aux combats et au carnage. « Alors le vertueux Énée, l'épée nue à la main : Soleil ! s'écrie-t-il, sois témoin (²).... »

Terminons par l'exploit suprême, la mort de Turnus. Puisque nous avons suivi jusqu'à présent le héros pas à pas, si nous passions sous silence cette dernière bataille, dans laquelle Énée paie vraiment de sa personne, nous paraîtrions sacrifier l'exactitude aux exigences d'un paradoxe. Même dans cette victoire, le chef troyen, le fondateur de Rome, est-il entouré de toute la gloire que réclament son nom et son rôle dans le poëme? Turnus est déjà vaincu par les dieux :

> Quos perdere vult Jupiter dementat.

Son arrêt est tracé dans le ciel. Percé d'une javeline, il tombe, ne peut plus se défendre; il supplie et demande grâce. Inutiles prières! ni la douleur de son vieux père, ni l'abandon de ses droits sacrés sur l'em-

---

(¹)   Advolat Æneas, vaginaque eripit ensem.   X, 895.
(²)   Tum pius Æneas, stricto sic ense precatur :
         Esto nunc, sol, Testis....   *Enéid.,* XII, 75.

pire et sur Lavinie ne fléchiront son rival. Énée l'égorge,
et Virgile semble comprendre tout ce que ce meurtre a
d'odieux, puisqu'il cherche à l'excuser par le souvenir
de Pallas dont l'ombre réclame vengeance (¹).

Sans doute, il ne faut pas demander aux héros de
l'antiquité les vertus chevaleresques des temps modernes, cette délicatesse exquise, ce point d'honneur,
gloire particulière de nos guerriers français, cette supériorité morale apportée dans le monde par les races
germaines et développée par les sublimes enseignements du christianisme; mais sans sortir du domaine
de l'antiquité, peut-on sérieusement mettre Énée au
niveau d'Achille, d'Ajax ou d'Hector? On objecte aussi
que l'intention bien avérée de Virgile était de préconi-
ser un héros pacifique; que son but était de fonder
Rome sur les vertus et la religion plutôt que sur la
bravoure et les qualités guerrières; qu'Énée devait être
le modèle d'Auguste, jaloux d'inaugurer l'ère de la paix
universelle et de fermer à jamais le temple de Janus.
Aut ubique pax erat aut pactio, selon l'expression de
Florus. Nous ne le nions pas; mais nous prétendons
que l'auteur a dépassé son but, qu'il s'est trouvé comme
malgré lui emporté par le sentiment *italien;* que, dans
son âme, vivaient à son insu les vieilles haines des guer-

(⁰)   « Tu ne hinc spoliis indute meorum
    Eripiare mihi ? Pallas te hoc vulnere, Pallas
    Immolat, et pœnam scelerato ex sanguine sumit. »
    Hoc dicens, ferrum adverso sub pectore condit
    Fervidus : ast illi solvuntur frigore membra,
    Vitaque cum gemitu fugit indignata sub umbras.
                      Enéid., XII, 947.

res latines et des guerres sociales, et les réclamations d'indépendance de la Péninsule contre cette Rome dont la tyrannie s'était imposée pendant sept cents ans à tous ses voisins, des Alpes à la Sicile. Énée avait été conçu pour personnifier Auguste ; *la roue tourne,* le poëme marche, et il en sort une figure dans laquelle Auguste eût été peu flatté de trouver sa ressemblance.

IV

La sincérité de l'admiration de Virgile pour l'Empereur dont l'avénement signale à ses yeux la véritable liberté de l'Italie et des provinces, ne saurait être mise en doute. Ce n'est pas son bienfaiteur, mais celui du monde entier qu'il élève jusqu'à l'Olympe.

> Tuque adeo, quem mox quæ sint habitura Deorum
> Concilia incertum est...   *Géorg.*, I, 24.

L'aurait-il donc, de propos délibéré, mis si fort au-dessous de tous les autres personnages du poëme ? Il est à remarquer qu'il n'en est pas un seul qui ne garde dans ses rapports avec le chef des Troyens une incontestable supériorité. Parcourons l'Énéide à ce nouveau point de vue, et comptons sur l'indulgence d'un lecteur auquel nous fournissons l'occasion de feuilleter une œuvre où de si beaux et si riches détails font oublier quelques faiblesses dans l'ensemble.

Au début de ses aventures, Énée se trouve rapproché d'Hector : c'est pour être écrasé en un seul vers. « Que penses-tu faire, malheureux ! Tu songes à défendre

Troie que mon bras fut impuissant à protéger (¹). »

Il ne te reste qu'un parti à prendre : fuis et sauve les dieux qu'Hector lui-même n'a pas conservés.

La disparition de Créüse, que son mari perd comme un objet de bagage sans avoir le droit de s'en inquiéter, puisque sa perte seule rend le dénoûment du poëme possible, a fourni trop de matière au burlesque pour que nous insistions sur ce point ; nous remarquons seulement que l'avantage du sacrifice reste à la mère d'Ascagne, évanouie dans les ruines de Troie.

Reçu par Didon, qui l'a recueilli sur le rivage où la tempête l'a jeté sans pain, sans habits, sans asile, Énée paie par la plus affreuse ingratitude la généreuse hospitalité, l'amour et le dévouement de la malheureuse reine de Carthage. Qu'il est petit devant elle, lorsque surpris en flagrant délit de fuite, il s'entend écraser sous le poids des bienfaits qu'il a reçus (²) !

Si l'on pouvait nier que les poëtes se trouvent emportés par l'effort de l'inspiration hors de la voie qu'ils avaient d'abord entrevue, et chevauchent parfois malgré eux sur ce cheval ailé, merveilleux symbole de la fantaisie involontaire, l'admirable épisode du quatrième livre en serait une preuve suffisante. Qui de nous ne se rappelle les émotions que lui firent éprouver dès le jeune âge cette création passionnée ? Qui de nous n'a .

(¹)   Si Pergama dextra.
Defendi possent, certe hac defensa fuissent.
Enéid, II. 291.

(²)   Ejectum littore, egentem.
Excepi et regni demens in parte locavi ;
Ammissam classem, socios a morte reduxi.
Enéid., IV, 373.

8.

pas versé avec Didon des larmes amères sur la perfidie du séducteur? Qui de nous ne lui a crié du fond de l'âme de résister à ces dieux qui commandent l'ingratitude? Qui de nous n'a pas désiré que le sang d'Élisa retombât sur la tête du meurtrier? Ne sent-on pas que l'âme tout entière de Virgile vit dans celle de Didon, et qu'il ne pardonnera pas à Énée d'avoir réduit au bûcher cette belle et tendre créature qui meurt pour l'avoir aimé? Le poète lui-même a pleuré sur son œuvre; il a voulu que cette triste fin restât pour son héros une tache éternelle; et pourtant, remarque bien grave, de quoi s'agit-il en ce moment? De Carthage et de Rome! Quoi! l'intérêt de Virgile pour l'Afrique et la patrie d'Annibal! A-t-il bien conscience de cette sympathie? Non, sans doute; il est poète avant tout. Que lui font Carthage et Rome? Il faut qu'il passe du côté de l'amour, du dévouement, de la passion, contre l'ingratitude, l'égoïsme et le calcul. Il invoquera même s'il le faut le terrible borgne qui doit tremper de sang la plaine de Cannes :

« Puisse s'élever un jour, de nos ossements en poussière, un vengeur qui, le fer et la flamme à la main, poursuive les exilés de Troie (1). »

Pourquoi ne pas dire, à ce propos, que tous les Italiens n'avaient pas eu d'Annibal la même horreur que les Romains de Rome, et que Capoue lui avait tendu les bras?

____

(1)   Exoriare aliquis nostris ex ossibus ultor,
Qui face Dardanios ferroque sequare colonos.
Enéid, IV, 625.

Virgile ne se contentera pas de l'émotion tacite du lecteur; il tranchera plus nettement la situation et n'épargnera pas à son héros le châtiment de son crime. Ce châtiment, c'est le mépris. O poète! vous traitez bien mal votre héros; nous avions pu croire un moment que vous le préfériez à tous, que vous l'approuviez d'obéir à la voix de Jupiter, de suivre sa route *per fas et nefas,* et de dédaigner tous les intérêts humains pour la plus grande gloire de la céleste Rome. Comment expliquer alors cette entrevue dans les enfers? Le passage est si beau que nous demandons la permission de le traduire, au lieu de l'analyser :

Sous cet ombrage épais, dans ces bois sans murmure,
Didon, le cœur saignant encor de sa blessure,
S'abandonnait pensive à son noir souvenir....
Le héros tressaillit en regardant venir
Cette ombre pâle et blanche à travers les feuillages,
Telle qu'on voit la lune argenter les nuages
D'un rayon incertain qui glisse et s'obscurcit...
Il reconnut Didon, et son cœur s'attendrit;
Une larme d'amour échappe à sa paupière :
« Ce n'est donc point, hélas! une voix mensongère
Qui m'avait, lui dit-il, annoncé ton malheur,
Et que le fer avait terminé ta douleur.
Quoi! j'ai causé ta mort! J'atteste la lumière
Et les *Dieux* immortels! et s'il est sous la *terre*
Quelque pouvoir sacré que redoutent les morts,
O Reine, malgré moi j'ai fui loin de tes bords.
Accuse du destin le pouvoir invincible
Qui me pousse aujourd'hui dans ce séjour terrible,
Dans ces lieux pleins d'horreur, de silence et de nuit.
Je n'ai fait qu'obéir, lui seul a tout conduit!

Avais-je pu prévoir qu'il t'arrachât la vie?
Où fuis-tu? ce moment que ta haine m'envie,
Hélas! pour nous revoir et nous parler encor
Est le dernier peut-être accordé par le sort? »

Il dit, et ses sanglots, mêlés à sa prière,
De la reine essayaient d'apaiser la colère.
Mais elle, sans lever les yeux, reste à ces mots
Froide comme un rocher des côtes de Paros;
Elle s'éloigne enfin, dédaigneuse et hautaine,
Et disparaît dans l'ombre où, sensible à sa peine,
Sichée a su calmer les chagrins de son cœur,
Et d'un premier amour lui rendre la douceur.

Énéide, chant VI, vers 450 et suiv.

Énée est-il assez humilié! Pas une parole, et le spectacle de son amante aux bras de Sichée, dont l'indulgente et paternelle tendresse font un si touchant contraste avec la lâche ingratitude du fils de Vénus! Cette grande supériorité du personnage de Didon sur celui d'Énée est, de l'aveu de tous, un des plus graves défauts de composition de l'Énéide; mais, dans le reste du poëme, tout semble, par une fatalité inexplicable sans notre hypothèse, concourir à reléguer au second plan celui qui devrait tout éclipser.

Entraîné par Énée dans sa querelle, le fils d'Évandre, un brave et généreux jeune homme, trouve la mort pour une cause qui n'est pas la sienne, et le désespoir de son vieux père nous touche si profondément, que nous ne pouvons nous empêcher de rendre Énée responsable d'un si grand malheur (¹).

(¹) *Enéid.*, XI, 139-182.

Et ces deux héroïques frères d'armes, ces ancêtres de Roland et d'Olivier, qui, embellis par le poète de tous les charmes de la vertu et de la beauté, ne sont couronnés de fleurs que pour être immolés, ne sommes-nous pas émus de leur sort? ne voulons-nous pas mal à celui pour lequel Virgile les sacrifie? et sommes-nous assez résignés, en écoutant les plaintes de la mère d'Euryale, pour n'adresser aucun reproche à celui qui fit répandre un sang si précieux? Ces sanglots maternels, en déchirant notre âme, y soulèvent une sorte d'amère récrimination contre l'envahisseur du pays des Rutules.

Enfin, ils sont tombés au champ d'honneur; leur vie fut payée bien cher : ce sont les malheurs de la guerre, et nous n'insisterons pas. Fallait-il mettre Énée au dessous de Mézence lui-même? *Ce contempteur des dieux*, cet homme qui ne connaît de loi que la force brutale, ce tyran féroce, dont la cruauté raffinée a donné son nom à la plus horrible des tortures, le voilà devenu plus intéressant que le fils des dieux, que l'élu des destins, que le père de Rome! Pareille à cette larme de repentir qui, dans la légende, suffit à remplir la coupe de la miséricorde divine, une véritable et noble affection a purifié le cœur du brigand; il aime son fils, et la vertu charmante de ce jeune homme adoucit l'horreur que nous inspirerait son père. Au moment où Mézence, atteint par la flèche d'Énée, recule comme un sanglier blessé, Lausus s'est élancé; il soutient quelque temps l'effort de l'ennemi. A dix-huit ans il a la gloire de tenir ferme contre le chef de l'armée ennemie, jusqu'à ce qu'irrité de cette résistance, Énée lui plonge son épée dans la poitrine. Virgile s'attendrit au point d'interrompre son récit pour déplorer la mort de Lausus; en un mot plein de larmes il nous rappelle sa mère :

Tunicam molli mater quam neverat auro,

et dans cet attendrissement du poète, Énée est encore sacrifié.

Ce n'est pas tout : le sang de Lausus a expié les crimes de Mézence; à nos yeux, il est trop malheureux pour être encore coupable. Nous ne voudrions pas le voir vainqueur; mais au moins quand il revient affaibli par la perte de son sang, brisé par la mort de son fils, porté dans la mêlée sur ce cheval de bataille, le seul être qu'il ait aimé avec son fils, il nous semble que le poète devrait lui ménager la générosité d'Énée. Loin de là, lorsque le Troyen l'abat par un coup qui n'a rien d'honorable pour le vainqueur, il le brave et l'insulte. En présence de la douleur d'un père, il trouve encore des outrages, et Mézence y répond avec un calme amer mille fois plus noble que la conduite d'Énée. Écoutons sa réponse, et jugeons des deux rôles :

« Ennemi cruel, pourquoi m'insulter? pourquoi me menacer de la mort? Tu peux m'égorger sans crime, et ce n'est point pour être épargné que je suis venu combattre. Mon Lausus en mourant n'a point acheté ma grâce; je ne te demande qu'une chose, si toutefois les vaincus ont quelque droit à la pitié, laisse ensevelir mon corps. Je sais que la haine des miens me menace de toutes parts; arrache mon cadavre à leur fureur,

accorde-moi de partager le tombeau de mon fils. » Il dit,
et reçoit dans la gorge l'épée qu'il regarde sans pâlir (1).

Ou je me trompe, ou le lecteur regrettera pour Énée
une pareille victoire. Rapprochons maintenant Énée et
son véritable adversaire. Avec quels traits Virgile nous
représente-t-il Turnus? Sa naissance est illustre, il des-
cend des dieux.

> Cui Pilumnus avus et diva Venilia mater.

Paisible possesseur d'un royaume héréditaire, adoré
de ses sujets pour sa valeur, sa jeunesse, sa noblesse et
ses exploits, il a conquis par ses qualités brillantes l'estime du vieux roi Latinus, l'affection d'Amata, reine du
Latium, et l'amour de la jeune Lavinie (2). Heureux
d'un hymen promis, il a pour lui tous les droits, et par
conséquent toutes les sympathies du lecteur. Que peut-
on lui reprocher? de défendre son pays, sa fiancée contre un usurpateur étranger, qui n'allègue en sa faveur
que des oracles ambigus, et des ordres que leur injus-
tice empêche de regarder comme divins? Est-ce sa
faute s'il plaît aux Troyens de porter le fer et la flamme
dans une contrée jusque-là heureuse et paisible? Est-ce
sa faute si Latinus, au mépris des serments les plus
solennels, le refuse pour gendre, et donne au Phrygien
la moitié de son trône et la main de sa fille? Tout con-
court à nous intéresser à Turnus : l'amour de Lavinie,
dont les sentiments pour lui ne sont pas douteux; la

---

(1) *Enéid.*, X, 898 et suiv.
(2) Accepit vocem lacrymis Lavinia matris
  Flagrantes perfusa genas; cui plurimus ignem
  Subjecit rubor, et calefacta per ossa cucurrit. *Enéid.*, XII, 64.

douleur d'Amata, qui préfère la mort à l'odieux spectacle de sa fille arrachée à celui qu'elle aime, pour être jetée aux bras d'un aventurier; le tendre dévouement de sa sœur Juturne, qui sacrifierait son immortalité au salut de son frère. Un héros tant aimé peut-il ne pas nous paraître aimable? Le livre neuvième tout entier est plein de ses exploits, et pas un de ses faits d'armes ne soulève contre lui l'indignation que nous ont causée les triomphes d'Énée. La mort même de Pallas, qui plus tard causera la sienne, ne peut lui être imputée à crime : la lutte est égale entre ces deux jeunes gens, et si Pallas succombe, il n'avait pas du moins à combattre un adversaire armé par les dieux.

La résolution prise par Turnus d'épargner le sang des siens, et de terminer dans un combat singulier la querelle qu'il n'a pas provoquée, l'honore et le recommande à l'attention. Le lecteur s'indigne du dénoûment trop prévu; tous ses vœux seraient pour Turnus, s'il ne savait que tous ses vœux sont inutiles, et que l'épée d'Énée est l'instrument du destin qui règle le sort de Rome. Cette absence complète d'incertitude sur l'issue du combat ne contribue pas peu à déprécier Énée, qui provoque presque la haine lorsque la générosité lui serait si facile. Rien n'est plus touchant et plus noble à la fois que la prière de Turnus; et, si le vainqueur la méprise, c'est que Virgile a voulu nous faire sentir que les *Italiens* ont été cruellement égorgés dans sa personne par l'implacable *Rome;* c'est l'inflexibilité romaine elle-même qu'il veut personnifier dans ce dernier coup qui termine le poëme.

V

Peut-on conclure de cette analyse que Virgile ait manqué d'art? Peut-on vouloir rabaisser un pareil génie? Mais qui donc a créé tous ces admirables personnages dont nous avons constaté la supériorité sur Énée? N'est-ce pas Virgile lui-même qui écrase son héros? Il ne l'a pas voulu sans doute, et quelque souffle plus puissant que lui-même agitait son âme et ses vers. Il s'abandonnait en chantant, et ses chants glorifiaient sa chère *Italie*. Puis, à la fin de la carrière, il s'aperçoit lui-même du défaut capital de son œuvre; il s'aperçoit qu'il a manqué la composition du poëme épique, et lui-même veut anéantir l'Énéide. C'est à cause de la faiblesse du caractère d'Énée, et non pour quelques vers inachevés ou trop irrégulièrement scandés, que les dernières paroles de l'auteur mourant condamnent son œuvre aux flammes. Mais, rassurons-nous, cet Auguste qui ne craint pas d'être confondu avec Énée; ce destructeur de la tyrannie romaine, cet Empereur des campagnes et des provinces rendues à la liberté, ne laissera pas périr le merveilleux ouvrage. Il semble qu'il ait compris lui-même que le poète travaillait à l'œuvre du politique, et que l'Énéide pouvait servir à l'abaissement de l'aristocratie romaine et à la résurrection de l'Italie.

Bordeaux. Impr. G. GOUNOUILHOU, rue Guiraude, 11.

www.ingramcontent.com/pod-product-compliance
Lightning Source LLC
LaVergne TN
LVHW080327210726
843507LV00021B/1020